U0201853

普通高等教育新工科人才培养规划教材（虚拟现实技术方向）

虚拟现实（VR）基础建模实例教程

主　编　刘　琳　刘　明

副主编　牟向宇　杨丽芳　陈　竺

中国水利水电出版社
www.waterpub.com.cn
·北京·

内 容 提 要

本书系统介绍了运用3ds Max软件制作虚拟现实场景中各种三维模型的基础知识，具体包括虚拟现实技术概述、虚拟现实建模轻松入门、基本体建模、图形的创建与编辑、常用的修改器命令、高级建模方法等，并通过台灯模型和手推车模型的制作，详细介绍了室内家居、游戏场景等虚拟场景中三维模型的制作思路。

本书通俗易懂、由浅入深、层层递进地讲述基本命令，边讲解边通过操作实例演练，帮助学生快速地熟悉软件功能，同时拓展实例与实战篇可以拓展学生的实际应用能力，增加学生的软件使用技巧。

本书定位于从零开始学习虚拟现实基础建模及三维模型制作的初学者，适合作为应用型高等院校及高职院校计算机、虚拟现实、数字媒体、艺术设计等相关专业学生的教材，也可供相关从业人员参考。

本书配有免费电子教案，读者可以从中国水利水电出版社网站（www.waterpub.com.cn）或万水书苑网站（www.wsbookshow.com）免费下载。

图书在版编目（CIP）数据

虚拟现实（VR）基础建模实例教程 / 刘琳，刘明主编. -- 北京 ： 中国水利水电出版社，2019.1（2023.8 重印）
普通高等教育新工科人才培养规划教材. 虚拟现实技术方向
ISBN 978-7-5170-7347-5

Ⅰ．①虚… Ⅱ．①刘… ②刘… Ⅲ．①虚拟现实－高等学校－教材 Ⅳ．①TP391.98

中国版本图书馆CIP数据核字(2019)第007255号

策划编辑：寇文杰　　责任编辑：高　辉　　封面设计：梁　燕

书　　名	普通高等教育新工科人才培养规划教材（虚拟现实技术方向） **虚拟现实（VR）基础建模实例教程** XUNI XIANSHI（VR）JICHU JIANMO SHILI JIAOCHENG
作　　者	主　编　刘　琳　刘　明 副主编　牟向宇　杨丽芳　陈　竺
出版发行	中国水利水电出版社 （北京市海淀区玉渊潭南路 1 号 D 座　100038） 网址：www.waterpub.com.cn E-mail: mchannel@263.net（答疑） 　　　　sales@mwr.gov.cn 电话：（010）68545888（营销中心）、82562819（组稿）
经　　售	北京科水图书销售有限公司 电话：（010）68545874、63202643 全国各地新华书店和相关出版物销售网点
排　　版	北京万水电子信息有限公司
印　　刷	雅迪云印（天津）科技有限公司
规　　格	184mm×260mm　16 开本　18 印张　398 千字
版　　次	2019 年 1 月第 1 版　2023 年 8 月第 3 次印刷
印　　数	4001—6000 册
定　　价	78.00 元

前　言

虚拟现实（VR）技术是继计算机、互联网和移动通信之后的又一次信息产业的革命性发展，已成为全球技术研发的热点。虚拟现实（VR）技术已被正式列为国家重点发展的战略性新兴产业之一。虚拟现实（VR）技术被公认是 21 世纪最具潜力的发展学科以及影响人类生活的重要技术。虚拟现实的英文是 Virtual Reality，通常简称为 VR。虚拟现实技术以计算机技术为核心，融合了计算机图形学、多媒体技术、传感器技术、光学技术、人机交互技术、立体显示技术、仿真技术等，其目标旨在生成逼真的视觉、听觉、触觉、嗅觉一体化的具有真实感的三维虚拟环境。用户可以借助必要的设备，与该虚拟环境中的实体对象进行交互，相互影响，产生身临其境的感觉和体验。虚拟现实技术利用三维全景软件对场景进行虚拟并与图像、文字、声音等多媒体技术结合，构建出一个生动逼真的三维虚拟环境。大多数虚拟现实场景中的模型、动画等资源都是由三维软件生成的，本书主要介绍 3ds Max 软件制作虚拟现实场景中各种三维模型的方法。

3ds Max 是由 Autodesk 公司出品的一款基于 PC 系统的三维模型制作和渲染软件，是目前国内最主流的三维软件之一，主要应用于建筑设计、三维动画、影视制作等各种静态、动态场景的模拟制作，已成为行业虚拟现实模型制作的主要工具。

本书分为入门篇、基础建模篇、高级建模篇、实战篇，包括虚拟现实技术概述、虚拟现实建模轻松入门、基本体建模、图形的创建与编辑、常用的修改器命令、高级建模方法、台灯模型制作和手推车模型制作，涵盖 3ds Max 的各个功能模块，由易到难、由简到繁，系统介绍了虚拟现实场景中各种基础模型的制作方法与技巧。

本书内容丰富、结构清晰、图文并茂，从最基础的基本体建模到最后完成各种虚拟现实场景中的模型，循序渐进地引导读者主动学习。本书读者对象：

- 虚拟现实技术初级、中级模型制作人员
- 初级、中级三维模型设计与制作人员
- 电脑培训班中学习三维模型制作的学员
- 高等院校计算机、数字媒体等相关专业的学生

本书由刘琳、刘明任主编，牟向宇、杨丽芳、陈竺任副主编。此外，武春岭、任航璎、黎娅、张建华等对本书的编写工作提供了支持和指导，福建网龙华渔教育有限公司、重庆

巨蟹数码影像有限公司对本书编写中用到的虚拟现实三维模型的技术规范、行业技术标准给予了大力支持，在此一并表示感谢。

由于时间仓促，加之编者水平有限，书中疏漏甚至错误之处在所难免，敬请广大读者批评指正。

编 者

2018 年 11 月

目　　录

前言

第一篇　入门篇

第1章
虚拟现实技术概述　　　　2
1.1　认识虚拟现实 2
   1.1.1　虚拟现实的定义 2
   1.1.2　虚拟现实的基本特征 3
   1.1.3　虚拟现实的分类 3
1.2　虚拟现实开发工具与技术 5
   1.2.1　3D 引擎 5
   1.2.2　图形库 7
   1.2.3　虚拟现实编程语言 7
   1.2.4　资源生成工具 7
1.3　外部资源创建规范 9
   1.3.1　模型制作的原则及规范 9
   1.3.2　材质规范 11
   1.3.3　模型输出 11
本章小结 12

第2章
虚拟现实建模轻松入门　　　13
2.1　认识 3ds Max 工作界面 13
2.2　设置建模环境 19
   2.2.1　单位设置 19
   2.2.2　文件间隔保存设置 19
   2.2.3　设置快捷键 20
   2.2.4　实例——设置附加命令快捷键 21
2.3　文件的基本操作 23

   2.3.1　新建文件 23
   2.3.2　重置文件 23
   2.3.3　打开文件 23
   2.3.4　保存文件 24
   2.3.5　合并文件 25
   2.3.6　导出文件 26
   2.3.7　实例——文件归档 26
2.4　进入 3ds Max 的三维世界 27
   2.4.1　选择对象 27
   2.4.2　选择并移动对象 30
   2.4.3　选择并旋转对象 32
   2.4.4　选择并缩放对象 33
   2.4.5　选择并放置对象 33
   2.4.6　对齐对象 34
   2.4.7　捕捉设置 34
   2.4.8　复制对象 35
   2.4.9　物体编辑成组 39
   2.4.10　撤销和重复命令 40
   2.4.11　视图操作 40
   2.4.12　实例——将茶壶放置于球体表面 . 41
   2.4.13　实例——将茶壶放置于圆锥顶部 . 42
2.5　拓展实例 43
   2.5.1　更改视图布局 43
   2.5.2　切换视图 45
本章小结 46

第二篇　基础建模篇

第3章
基本体建模　　　　48
3.1　基本体概述 48

3.2　标准基本体的创建 48
   3.2.1　长方体的创建 49
   3.2.2　圆锥体的创建 51

3.2.3　球体的创建 53

3.2.4　几何球体的创建 55

3.2.5　圆柱体的创建 56

3.2.6　管状体的创建 56

3.2.7　圆环的创建 58

3.2.8　四棱锥的创建 59

3.2.9　茶壶的创建 60

3.2.10　平面的创建 61

3.2.11　实例——室外凉亭的制作 61

3.2.12　实例——水杯的制作 64

3.2.13　实例——雪人模型的制作 66

3.3　扩展基本体的创建 68

3.3.1　切角长方体的创建 69

3.3.2　异面体的创建 70

3.3.3　环形结的创建 71

3.3.4　实例——花边镜面的制作 72

3.3.5　实例——艺术茶几的制作 73

3.3.6　实例——水果架的制作 74

3.4　拓展实例 77

3.4.1　木桌与茶壶、茶杯的制作 77

3.4.2　单人沙发的制作 82

3.4.3　电脑桌的制作 86

本章小结 92

第 4 章
图形的创建与编辑 **93**

4.1　图形的创建 93

4.1.1　线的创建 93

4.1.2　矩形的创建 97

4.1.3　圆的创建 97

4.1.4　椭圆与圆环的创建 98

4.1.5　弧的创建 99

4.1.6　多边形与星形的创建 100

4.1.7　文本的创建 101

4.1.8　螺旋线与截面的创建 102

4.2　二维图形的特征 103

4.3　样条线的编辑 105

4.3.1　可编辑样条线命令 105

4.3.2　样条线的编辑 106

4.3.3　实例——晾衣架的制作 111

4.3.4　实例——吧台椅的制作 113

4.4　拓展实例 117

4.4.1　时钟的制作 117

4.4.2　置物架的制作 123

4.4.3　藤椅的制作 127

本章小结 132

第三篇　高级建模篇

第 5 章
常用的修改器命令 **134**

5.1　"修改"面板的结构 134

5.2　"挤出"修改器 136

5.2.1　"挤出"修改器基础操作 136

5.2.2　实例——花朵吊灯的制作 138

5.2.3　实例——艺术书架的制作 140

5.3　"车削"修改器 142

5.3.1　"车削"修改器基础操作 142

5.3.2　实例——鱼缸的制作 144

5.3.3　实例——花盆的制作 145

5.4　"倒角"与"倒角剖面"修改器 ...147

5.4.1　"倒角"修改器基础操作 147

5.4.2　"倒角剖面"修改器基础操作 149

5.4.3　实例——装饰画的制作 150

5.4.4　实例——牌匾的制作 151

5.5　三维模型修改器命令 152

5.5.1　"弯曲"修改器基础操作 153

5.5.2　"扭曲"修改器基础操作 154

5.5.3　"锥化"修改器基础操作 155

5.5.4　"晶格"修改器基础操作 156

5.5.5　FFD 修改器基础操作 157

5.5.6　"涡轮平滑"修改器基础操作 158

5.5.7　实例——枕头的制作 160

5.5.8　实例——水晶吊灯的制作 161

5.5.9　实例——罗马柱的制作 163

5.6　拓展实例 165

5.6.1　床头灯的制作 165

5.6.2 台历的制作 166
5.6.3 生日蛋糕的制作 168
本章小结 172

第 6 章
高级建模方法   **173**
6.1 复合对象 173
6.1.1 "图形合并"命令 174
6.1.2 "布尔"命令 175
6.1.3 "放样"命令 179
6.1.4 实例——色子的制作 190
6.1.5 实例——烟灰缸的制作 191
6.1.6 实例——香蕉的制作 195
6.1.7 实例——牙膏的制作 196
6.2 可编辑多边形建模 199

6.2.1 创建可编辑多边形 199
6.2.2 多边形对象的公共命令 201
6.2.3 可编辑多边形子对象 211
6.2.4 子对象的编辑 211
6.2.5 实例——垃圾篓的制作 222
6.2.6 实例——咖啡杯的制作 224
6.2.7 实例——床头柜的制作 226
6.3 拓展实例 230
6.3.1 戒指的制作 230
6.3.2 木梳的制作 231
6.3.3 羽毛球拍的制作 235
6.3.4 古典花瓶的制作 238
本章小结 244

第四篇 实战篇

第 7 章
台灯模型制作   **246**
7.1 效果展示 246
7.2 模型制作 246
本章小结 257

第 8 章
手推车模型制作   **258**
8.1 效果展示 258
8.2 模型制作 259
本章小结 279
参考文献   **280**

第一篇　入门篇

第1章
虚拟现实技术概述

【本章要点】
- 虚拟现实定义与应用领域
- 虚拟现实开发工具与技术
- 虚拟现实资源规范与注意事项

1.1 认识虚拟现实

1.1.1 虚拟现实的定义

"在一个遥远星球里，有一名叫杰克的军人下肢瘫痪，以轮椅代步；有一天他进入到一具虚拟的身体里，成为纳威美人，在丛林里奔跑跳跃，甚至谈起了恋爱。"说到这个故事的时候，大多数人都会想到轰动一时的电影《阿凡达》。电影里的主人公经历了两个世界，每个世界的遭遇对他来说都是真实而难忘的。那么，我们能不能像电影里的主人公一样，进入到一个全新的世界里，体验不一样的人生呢？答案是，可以，虚拟现实技术。

计算机技术的快速发展，催生出更多的新兴产业，其中之一的虚拟现实技术就被公认为 21 世纪最具潜力的发展学科以及影响人类生活的重要技术。它的出现，将彻底改变人们的交互方式，创造出一个以人们体验为核心的互联网新时代。

虚拟现实源于英文 Virtual Reality，通常简称为 VR。在国内，有时也被译为灵镜、幻真。虚拟现实以计算机技术为核心，融合了计算机图形学、多媒体技术、传感器技术、光学技术、人机交互技术、立体显示技术、仿真技术等，创建一个具有视觉、听觉、触觉、嗅觉等多种感知的具有真实感的三维虚拟环境。用户可以借助必要的设备，与该虚拟环境中的实体对象进行交互，产生身临其境的感觉和体验，如图 1-1 所示。

图 1-1　虚拟现实效果

1.1.2 虚拟现实的基本特征

虚拟现实实际上是用户主体基于感觉性的存在，通过信息转换的技术手段达到人机共存的状态。它是一种特殊的存在，既不是现实，也不是完全不存在的虚无。众多科学家与学者对虚拟现实做了不同解释，从技术上讲，虚拟现实具有三个最突出特征，称为3I特征，即沉浸感（Immersion）、交互性（Interaction）、构想性（Imagination）。

1. 沉浸感

沉浸感是虚拟现实系统最重要的基本特征，是指用户沉浸在计算机生成的虚拟环境中，脱离真实环境，通过视觉、听觉、触觉等多种感官，获得与真实环境相同或相似的感知，产生无限接近真实的身临其境的感觉。

2. 交互性

交互性是虚拟现实的实质特征，是指用户通过输入、输出设备与虚拟环境中的所有对象进行交互作用的能力，包含了用户对模拟环境中对象的可操作程度和得到反馈的自然程度。

3. 想象性

想象性是虚拟现实系统的最终目的之一，是指用户在虚拟世界中，根据周围环境获取的信息与自身在系统中的行为，经过大脑的逻辑判断、推理和联想等思维过程，对未直接呈现的画面和信息进行想象，开启自身的创造性思维。在虚拟现实技术的帮助下，人们不仅可以再现真实客观的环境，也可以构想不存在或者完全不可能发生的环境。

总之，虚拟现实技术具有沉浸感、交互性、想象性。用户沉浸在虚拟的世界里，调动视觉、听觉、嗅觉等去感受，并通过其动作去动态调整，不断想象和创造，心有多大，世界就有多大。

1.1.3 虚拟现实的分类

在实际应用中，根据沉浸感的高低与交互性的不同，通常将虚拟现实分为四大类：桌面式虚拟现实、沉浸式虚拟现实、增强式虚拟现实、分布式虚拟现实。

1. 桌面式虚拟现实

桌面式虚拟现实是一套基于普通 PC 平台的小型桌面虚拟现实系统，它利用个人计算机和低配工作站进行仿真，用户直接通过计算机屏幕观察虚拟环境。该系统中，要求参与者使用输入设备进行交互，包括鼠标、追踪器、数据手套等。用户通过计算机屏幕观察 360 度范围内的虚拟环境，并操作其中的物体。此时的用户缺乏完全的沉浸，容易受到周围现实环境的干扰，体验缺乏真实感。但是，桌面式虚拟现实系统成本相对较低，实现比较容易，因此在实际应用中较广泛。

2. 沉浸式虚拟现实

沉浸式虚拟现实系统可以为用户提供完全沉浸的体验，利用头盔显示器和数据手套等交互设备，将参与者的视觉、听觉和其他感觉封闭起来，提供一个新的、虚拟的感受空间。参与者通过交互设备操作和驾驭虚拟环境，产生一种身临其境、全心投入和沉浸其中的感觉。

沉浸式虚拟现实能够支持多种输入输出设备，具有高度沉浸感和高度实时感的特点，常见的沉浸式虚拟现实系统有：基于头盔式显示器的 VR 系统、投影式 VR 系统、遥在系统。

基于头盔式显示器的 VR 系统需要用户戴上头盔式显示器，通过语音识别、数据手套、数据服装等先进设备与虚拟世界进行交互。在该虚拟现实中，参与者的视觉、听觉、触觉等均封闭起来，使用户如同身处现实世界一样。这是目前沉浸度最高的一种虚拟现实设备。

投影式 VR 系统采用投影技术让用户在屏幕中看到他本身在虚拟环境中的形象，采用键控技术捕捉参与者形象，并将图像数据传送到计算机中进行处理，之后利用投影仪将参与者的形象与虚拟世界一起投射到屏幕上。参与者可以与虚拟世界进行实时交互，环境会随其动作而改变，使得参与者看到自己在虚拟世界中的活动，并感觉像在真实空间一样。

遥在系统也称为远程存在系统，将虚拟现实与机器人技术结合在一起。当用户对虚拟环境进行操纵时，结果却发生在另外一个地方，参与者通过立体显示器获得深度感，追踪器和反馈装置则将参与者的动作传送出去。

3. 增强式虚拟现实

增强式虚拟现实系统简称增强现实（AR）。与沉浸式虚拟现实系统强调的沉浸性不同，增强现实旨在模拟和仿真现实世界，增强人们对真实环境的感受。在增强现实系统中，真实世界与虚拟世界在三维空间是叠加的，并具有实时人机交互功能。典型实例就是战机飞行员的平行显示器，它可以将仪表读数和武器瞄准数据投射到飞行员面前的穿透式屏幕上，使得飞行员不用低头读取数据，而集中精力瞄准敌机。除此之外，增强现实还可以用在很多其他领域。例如，美国华盛顿的史密森国家自然历史博物馆就利用增强现实技术在其场馆内重现灭绝动物（见图 1-2），迪士尼将增强现实技术与图书绘画结合在一起（见图 1-3），以鼓励儿童绘画，激发他们的创造性。

图 1-2 增强现实 1

4. 分布式虚拟现实

分布式虚拟现实系统是基于网络的虚拟环境。试想，如果能利用计算机网络技术将多个用户加入到同一个虚拟环境中，通过网络对其进行观察和操作，共同体验虚拟经历，那么虚拟现实技术将达到一个更高的境界。分布式虚拟现实系统在沉浸式虚拟现实的基础上，利用不同物理位置的多个用户或多个虚拟环境通过网络相接，共享信息。目前典型的分布式虚拟现实系统是 SIMNET，它主要用于部队的联合训练。通过 SIMNET，位于德国的仿真器和位于美国的仿真器可运行在同一虚拟世界中，参与同一场作战演习。

图 1-3 增强现实 2

1.2 虚拟现实开发工具与技术

1.2.1 3D 引擎

各式各样新型的虚拟现实相关硬件设备相继推出、琳琅满目，然而没有软件内容的硬件永远都是没有灵魂的硬壳。

随着 VR 硬件的逐渐完善和普及，其开发的必备工具——3D 引擎也越发受到人们的关注。

目前的主流游戏引擎由于其功能强大，被用于诸多 VR 产品的开发。值得一提的是，并非所有的 VR 产品或解决方案都需要依赖外部设备。以展示与简单交互为主要内容的 VR 产品，在不涉及复杂的行业相关精准计算的条件下，会首选 3D 引擎配合电脑来完成。

1. Unity

Unity3D 是由 Unity Technologies 开发的一个让玩家轻松创建诸如三维视频游戏、建筑可视化和实时三维动画等类型互动内容的多平台综合型游戏开发工具，是一个全面整合的专业游戏引擎，如图 1-4 所示。Unity 利用交互的图形化开发环境为首要方式，其编辑器运行在 Windows 和 Mac OS 下，可发布游戏至 Windows、Mac、Wii、iPhone、WebGL、Windows Phone 8 和 Android 平台。另外，还可以利用 Unity Web Player 插件发布网页游戏，支持 Mac 和 Windows 的网页浏览。

Unity 本身是一个强大的游戏引擎，社区成熟，Store 中的资源也很丰富，包括简单的 3D 模型、完整的项目、音频、分析工具、着色工具、脚本与材质纹理等。

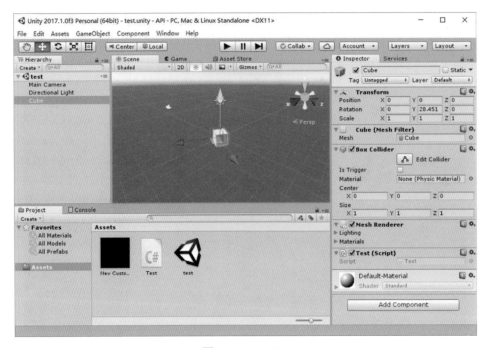

图 1-4　Unity 3D

　　Unity 支持所有的主流 3D 格式，在 2D 游戏开发方面也很适用。自带的 3D 编辑器不太完美，但人们已经开发了很多优秀的插件来弥补这一点。

　　2．Unreal Engine 虚幻引擎

　　Unreal Engine 4 简称 UE4，是由全球顶级游戏 EPIC 公司虚幻引擎的最新版本。UE4支持 DirectX 11、物理引擎 PhysX、APEX 和 NVIDIA 3D 技术，以打造非常逼真的画面，如图 1-5 所示。

图 1-5　Unreal Engine 4

UE4 是一个面向虚拟现实游戏开发、主机平台游戏开发和 DirectX 11 个人电脑游戏开发的完整开发平台，提供了游戏开发者需要的大量核心技术、数据生成工具和基础支持。登录设备包括 PC、主机、手机和掌机。

作为 Unity3D 的直接竞争对手，Unreal 同样提供了完备的文档及教学视频。由于进入市场的时间比 Unity 稍晚，所以 Unreal 的 Store 规模还相对较小。

Unreal 的巨大优势在于图形表现力，无论是地形、粒子、后期处理效果还是光影等都领先于对手。

Unreal 使用 C++，同时搭配可视化脚本编辑器 Blueprint。

在跨平台方面，Unreal 相对较弱，目前支持 Windows PC、OS X、iOS、Android、VR、Linux、Steam OS、HTML5、Xbox One 和 PS4。

1.2.2　图形库

有了 3D 引擎，似乎不需要开发人员直接调用 3D 图形函数库了。其实不然，实际工作中由于各种各样的原因（或功能或效率），有时还是需要开发人员自己去调用图形库。常用图形库包括以下 5 种：

- OpenGL
- DirectX 3D
- WebGL
- HTML5
- XNA

1.2.3　虚拟现实编程语言

除了各大引擎自身所使用的脚本语言之外，还包括以下语言：

- 着色器编程语言：Cg/HLSL
- 虚拟现实建模语言：VRML（Virtual Reality Modeling Language）
- 三维图像标记语言：X3D
- C++（Unreal Engine4）
- C#（Unity）
- JavaScript（Unity）

1.2.4　资源生成工具

1. 3D 模型、动画

一般游戏引擎自身的建模功能无论从专业性还是自由度来讲都无法同专业的三维软件相比，大多数游戏中的模型、动画等资源都是由三维软件生成的，主流的三维软件包括 3ds Max、Maya、ZBrush、Cheetah3D 等。

（1）Autodesk 3ds Max

3D Studio Max，简称 3d Max 或 3ds Max，是 Discreet 公司开发的（后被 Autodesk 公司合并）基于 PC 系统的三维动画渲染和制作软件。其前身是基于 DOS 操作系统的 3D

Studio 系列软件。在 Windows NT 出现以前，工业级的 CG 制作被 SGI 图形工作站垄断。3D Studio Max+Windows NT 组合的出现降低了 CG 制作的门槛，首先开始运用在电脑游戏中的动画制作，之后更进一步开始参与影视片的特效制作，例如《X 战警 II》，《最后的武士》等。在 Discreet 3ds Max 7 后，正式更名为 Autodesk 3ds Max，目前最新版本是 3ds Max 2018。

3ds Max 广泛应用于建筑设计、影视、广告、工业设计、多媒体制作、游戏、辅助教学及工程可视化等领域。拥有强大功能的 3ds Max 被广泛应用于电视及娱乐业中，比如片头动画和视频游戏的制作，深深扎根于玩家心中劳拉角色形象就是 3ds Max 的杰作；其在影视特效方向也有一定的应用。而在国内发展的相对比较成熟的建筑效果图和建筑动画制作中，3ds Max 的使用率更是占据了绝对的优势。根据不同行业的应用特点对 3ds Max 的掌握程度也有不同的要求：建筑方面的应用相对来说要局限性大一些，它只要求单帧的渲染效果和环境效果，只涉及比较简单的动画；片头动画和视频游戏应用中动画占的比例很大，特别是视频游戏对角色动画的要求要高一些；影视特效方面的应用则把 3ds Max 的功能发挥到极致。

（2）Autodesk Maya

Autodesk Maya 是美国 Autodesk 公司出品的世界顶级的三维动画软件，应用对象是专业的影视广告、角色动画、电影特技等。Maya 功能完善，工作灵活，易学易用，制作效率极高，渲染真实感极强，是电影级别的高端制作软件。

Maya 售价高昂，声名显赫，是制作者梦寐以求的制作工具。掌握了 Maya，会极大地提高制作效率和品质，调节出仿真的角色动画，渲染出电影一般的真实效果，向世界顶级动画师迈进。

Maya 集成了 Alias、Wavefront 最先进的动画及数字效果技术。它不仅包括一般三维和视觉效果制作的功能，而且还与最先进的建模、数字化布料模拟、毛发渲染、运动匹配技术相结合。Maya 可在 Windows NT 与 SGI IRIX 操作系统上运行。在目前市场上用来进行数字和三维制作的工具中，Maya 是首选解决方案。

2. 平面 UI

Adobe Photoshop，简称 PS，是由 Adobe Systems 开发和发行的图像处理软件。

Photoshop 主要处理以像素所构成的数字图像。使用其众多的编修与绘图工具，可以有效地进行图片编辑工作。PS 有很多功能，在图像、图形、文字、视频、出版等各方面都有涉及。

从功能上看，该软件可分为图像编辑、图像合成、校色调色及功能色效制作部分等。图像编辑是图像处理的基础，可以对图像做各种变换，如放大、缩小、旋转、倾斜、镜像、透视等；也可进行复制、去除斑点、修补、修饰图像的残损等。

图像合成则是将几幅图像通过图层操作、工具应用合成完整的传达明确意义的图像，这是美术设计的必经之路。该软件提供的绘图工具可以使外来图像与创意很好的融合。

校色调色可方便快捷地对图像的颜色进行明暗、色偏的调整和校正，也可在不同颜色间进行切换以满足图像在不同领域（如网页设计、印刷、多媒体等）的应用。

特效制作在该软件中主要由滤镜、通道及工具综合应用完成。包括图像的特效创意和特效字的制作，例如，油画、浮雕、石膏画、素描等常用的传统美术技巧都可以由该软件特效完成。

PS 在 3D 建模中主要做后期修饰。在制作建筑效果图包括三维场景时，人物与配景包括场景的颜色常常需要在 PS 中增加并调整，同时也需要 PS 处理贴图。

1.3 外部资源创建规范

常用的游戏引擎及虚拟现实软件对模型素材的要求都基本相同。当一个 VR 游戏模型制作完成时，它所包含的场景单位尺寸、模型及材质命名、纹理尺寸及格式、轴心坐标、模型面数以及动画等都要符合规范，否则导入引擎就会出现问题。

1.3.1 模型制作的原则及规范

开发不同的产品对模型素材资源的要求是不一样的。

（1）游戏以及 VR 产品中实时运行的模型（通常称之为运行模型或计算模型）一般都会有面数的限制（降低计算压力、提高运行效率），所以计算模型要求布线合理、简洁，同时保证有正确的形体表现，正确的 Edge Loop 以及合理地将 UV 边界位于不容易观察到的位置，这样就可以自由地修改成最佳化模型。这样的模型称为低模，低模又称为低精度模型、低边模型和低面模型，特点是结构简单，面数少，当然细节相对来说比较缺乏，一般应用于网络游戏和手机游戏等游戏开发。除了低模，也有高模。

（2）高模是指高细节、高精度的 3D 模型，高模看上去十分精致，细节也非常丰富，同时模型的面数也相当的高。

根据计算模型的精细程度以及实时渲染的框架结构，3D 资源素材的精度可简单地分为两类。

1. 网游规格

网游规格普通采用低面数的模型、相对较小尺寸的纹理（≤ 1024）以及简单的贴图通道技术表达出相对精致的模型效果，如图 1-6 所示。

2. 次时代规格

次时代规格普遍采用中等面数的模型、相对较大尺寸的纹理（≤ 4096）以及较复杂的贴图通道技术表达出无限接近高精度模型的效果，各种材质和纹理贴图根据写实的效果展示，更注重质感的表现，如图 1-7 所示。次时代因为逼真的画面效果能够产生出独特的魅力，从而受到人们的喜爱。一般应用于高性能 PC 和主机等游戏的开发。

现在的次时代游戏以及 VR 产品中用到的计算模型（低、中精度模型）都会采取利用高模生成法线贴图（Normal Map）以及环境闭塞贴图（Ambient Occlusion Map）来增强表面细节，使低、中精度模型拥有近似于高模的细节效果。

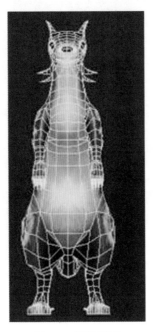

图 1-6　网游模型

图 1-7　次时代模型

通用模型制作规范：

（1）在没有特殊要求的情况下，3D 软件环境内系统单位设置为厘米（cm）。

3D 引擎 Unity 系统默认单位为米（m），三维软件的单位与 Unity 单位的比例关系非常重要。在三维软件中应尽量使用米制单位，以便适配 Unity，具体参照表 1-1。此表中标明了三维软件系统单位为米制单位的情况下与 Unity 系统单位的比例关系。

表 1-1　常用三维软件与 Unity 的单位比例关系

三维软件	三维软件内部米制尺寸 /m	默认设置导入 Unity 中的尺寸 /m	与 Unity 单位的比例关系
3ds Max	1	0.01	100:1
Maya	1	100	1:100
Cinema 4D	1	100	1:100
Lightwave	1	0.01	100:1

（2）在 3D 模型制作软件中有很多建模的方式，而 VR 以及游戏模型推荐使用 Polygon（多边形建模）方式。网格大多数推荐四边形构成，四边形不方便建模的结构可以使用三角形。

（3）对于 VR 以及游戏中的模型而言，模型创建的宗旨就是合理运用多边形面数，在保证模型表现精度的前提下，运用相对最少的面数来描述最准确的物体形体。对于模型面数的控制，原则就是：比较细微的结构可以用法线贴图来表现，而比较明显的结构应使用模型来制作。

（4）除形体把握准确、合理控制面数以外，模型布线就是最需要注意的。模型中的每个面、每条边、每个顶点都有存在的意义。尤其是对于角色等可进行网格变形的动画以及硬表面机械类表面会进行高光处理、反射模拟的模型，布线是非常重要的。布线不合理的模型，在进行网格变形、实时渲染等运算时，很可能会出现错误的结果。

（5）无论任何模型，其表面的光滑组（软硬边）的正确设置非常重要，错误的设置会让模型看起来失真。

（6）对于模型制作过程而言，不需要所有的部件都在一个模型建立出来，可以使用组合方式来制作。模型之间的部件可以采用穿插的方式，优势是省面、光滑组便于处理并且便于复用。

（7）模型中任何不可见、多余的面都必须删除。在建立模型时，删除不可见的面除了降低场景的面数，还可以提高贴图的利用率，以提高交互场景的运行速度。

（8）保持模型面与面之间的距离，推荐最小间距为当前场景最大尺度的 1/‰。如果物体面与面之间贴得太近或者完全重合的话，当两个面交替时会出现闪烁的现象。

（9）确保模型表面法线方向正确，避免黑面或者法线翻转等错误的情况。在模型导出之前务必要着重检查通过镜像等命令生成的模型。一般采取镜像复制的方法创建的模型，需要重置修改编辑器修正，并将模型表面法线全部翻转才会正确。

（10）模型尽量不要使用中文命名，推荐使用英文字母命名，以避免在游戏引擎中出现问题。

1.3.2　材质规范

为了最大限度地支持外部游戏引擎，在 3D 软件中，材质设置如下的类型。

（1）3ds Max 的材质类型如下：

- Standard（标准材质）
- Multi/Sub-Object（多维 / 子对象材质），需要注意每个子材质也必须是标准材质

（2）Maya 的材质类型如下：

- 表面着色器（Surface）
- 各向异性（Anisotropic）
- Blinn
- Lambert
- Phong
- Phone E

除了材质类型以外，材质的名称尽量与模型的名称对应，并且建议采用英文字符命名。值得注意的是，在 3D 软件中制作材质并没有太多的意义，最终材质 / 着色器的效果都是在相应的游戏引擎或者 VR 编辑器中进行编辑的，这里介绍材质主要是为了输出 .FBX 文件时打包或者指定贴图。

1.3.3　模型输出

在 3ds Max 中模型主要以两种方式进行输出：

（1）直接输出为相应的 3D 应用文件（如 .max 或 .blend），Unity 自身再进行转换。

优点：输出速度快。

缺点：把整个模型都进行输出，比如有碰撞的时候它是不可以分层的，这样会消耗 Unity 自身的资源。

（2）使用插件进行输出，输出为指定的文件格式 .FBX。

优点：输出需要的数据，需要什么输出什么；产生比较小的文件；可以使用模块化的方法，比如一个模块一个模块用于碰撞。

缺点：输出会比较繁琐，相同的可能要输出好几次；整个输出导入过程可能反复。

Unity 支持多种外部导入的模型格式，如 .FBX、.dae（Collada）、.3DS、.dxf、.obj 等格式文件，但 Unity 并不是对每一种外部模型的属性都支持。

经过以上对比，在 Unity 中主要是使用 .FBX 格式文件，因此，在 3ds Max 中制作的模型都要以 .FBX 格式输出。

本章小结

本章主要介绍了虚拟现实的定义、应用领域、开发工具与相关技术，同时介绍了虚拟现实资源规范以及注意事项。虚拟现实引擎自身的建模功能不是很强大，因此很多资源需要外部其他软件制作然后导入 Unity 中进行使用。不同的软件性能要求不一样，因此在外部创建的资源必须遵守一定的规范导入引擎中才能够使用。

第2章
虚拟现实建模轻松入门

【本章要点】
- 3ds Max 工作界面组成介绍
- 3ds Max 建模环境设置
- 3ds Max 文件存储与基本操作

2.1 认识 3ds Max 工作界面

3ds Max 是由 Autodesk 公司开发的一款面向大众的智能化应用软件，具有集成化的操作环境和图形化的界面窗口。一直以来，3ds Max 软件都是国内应用最广泛的专业三维动画软件之一。该软件基于 Windows 操作系统，功能强大，易于学习掌握，其便于操作的工作方式更是得到了广大公司及艺术家的高度青睐。自 3D Studio Max1.0 到如今的 3ds Max 2018，3ds Max 系列软件已经经历了十多个不同的版本升级，每一次升级都会带来令用户惊讶的新功能体验。作为 Autodesk 公司开发的动画软件，3ds Max 可以为产品展示、建筑表现、园林景观设计、游戏、电影和运动图形的设计人员提供一套全面的 3D 建模、动画、渲染以及合成的解决方案，应用领域非常广泛。可以毫不夸张地说，各行各业都或多或少会使用到 3ds Max 软件制作出来的精美产品。

启动 3ds Max 后，将进入如图 2-1 所示的操作界面，该界面主要由标题栏、菜单栏、常用工具栏、命令面板、视图区、视图控制区、动画控制区、提示区与状态栏等构成。

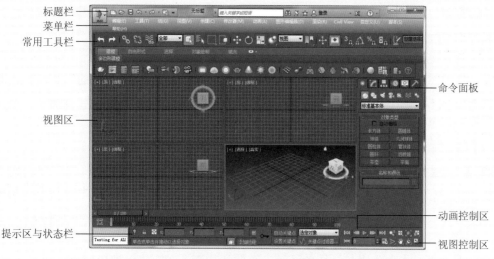

图 2-1　3ds Max 操作界面

1. 标题及菜单栏

3ds Max 的标题及菜单栏集合了"文件菜单"按钮 、快速访问区、标题名称和各种操作命令,如图 2-2 所示。3ds Max 包含 13 个菜单,分别为"编辑""工具""组""视图""创建""修改器""动画""图形编辑器""渲染""Civil View""自定义""脚本""帮助"菜单,如图 2-2 所示。

图 2-2　标题及菜单栏

2. 常用工具栏

常用工具栏是工作中最常用的区域,许多常用的操作命令都可以以图表按钮的形式在这里显示。在默认状态下,工具栏包括 30 多项工具按钮,它们都是较常用的工具。在工作中,用户可以对工具栏进行以下几项设置。

(1) 重新放置工具栏的位置

用鼠标按住并拖动工具栏左侧的两条垂直线,即可将它分离出来,使工具栏成为一个浮动面板,如图 2-3 所示。将工具栏分离出来后,用户可以拖动工具栏的标题栏,将它放到操作界面的左边、右边或下边,以适应自己的操作习惯,如果要将工具栏重新并入窗口中,可以双击工具栏的标题栏。

图 2-3　常用工具栏

注意:通常在 1280 像素 *1024 像素的分辨率下,工具按钮才能完全显示在工具栏中。当显示器分辨率低于 1280 像素 *1024 像素时,可以通过将光标移动到工具栏空白处,当光标变为手形标志时,按住鼠标左键并拖动光标,工具栏会跟随光标滚动显示。

(2) 选择工具栏中的附属工具

某些工具按钮右下角有一个小三角形,表示此工具按钮中包含其他的工具。单击并按住带有附加工具的工具按钮,可以显示该工具按钮中的附属工具,如图 2-4 所示。将鼠标移动到要选择的工具上,然后松开鼠标左键即可选择所需的附属工具。

(3) 显示工具按钮的名称提示

当用户不了解某个工具按钮的名称时,可以借助工具按钮来获得帮助,3ds Max 的这种功能给用户带来了极大的方便,用户只需要将鼠标指针移动到工具栏中的某个工具按钮上,稍后便会弹出该工具按钮的名称,从而了解它是什么工具,如图 2-5 所示。

3. 命令面板

命令面板是操作中使用最频繁的区域。在默认状态下,它位于整个操作界面的右侧,由 6 个部分组成，分别是"创建"面板、"修改"面板、"层级"面板、"运动"面板、"显示"面板、"工具"面板。

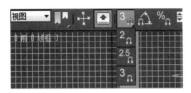

图 2-4　附属工具

图 2-5　名称提示

（1）"创建"面板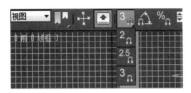

"创建"面板中集合了各种对象的创建命令，单击其中的按钮，便可以启用该命令。根据创建对象类型的不同又将创建面板划分为 7 个类别，而每个类别又包含许多子项。这 7 个类别分别是几何体、图形、灯光、摄像机、辅助体、空间扭曲物体和系统工具，如图 2-6 所示。

（2）"修改"面板

"修改"面板主要是对创建的对象进行编辑加工，包括重命名、更改对象的颜色、重新定义对象的参数等，如图 2-7 所示。

在修改器堆栈中，可以查看编辑修改器的种类及数量，可以对其中的修改器进行重新编辑，并且可以删除任意一个修改器，还可以从"修改器列表"下拉列表框中重新选择一个编辑修改器添加到修改器堆栈中。

（3）"层级"面板

"层级"面板包含 3 个按钮："轴"、IK 和"链接信息"，如图 2-8 所示。单击"轴"按钮后，可以移动并调整对象轴心的位置，常在调整对象变形时使用该功能；IK 和"链接信息"按钮用于为多个对象创建相关联的复杂运动，从而创建更真实的动画效果。

图 2-6　"创建"面板

图 2-7　"修改"面板

图 2-8　"层次"面板

（4）"运动"面板

"运动"面板包含"参数"和"轨迹"两个按钮，其作用是为对象的运动施加控制器或约束，如图 2-9 所示。

单击"参数"按钮，可以访问动画控制器和约束界面。使用动画控制器可以用预置方法来影响对象的位置、选择和缩放；通过约束界面则能限制一个对象如何运动。可以通过单击"指定控制器"按钮来访问动画控制器选择列表。使用"轨迹"按钮可以把样条曲线转换为对象的运动轨迹，并通过卷展栏来控制参数。

（5）"显示"面板

"显示"面板用于控制对象在工作视图中的显示。通过此面板可以隐藏或冻结对象，也可以修改对象所有的参数，如图 2-10 所示。

（6）"工具"面板

"工具"面板包含各种功能强大的工具，例如资源浏览器、摄像机匹配、测量器、塌陷、运动捕捉、MAX Script 等，如图 2-11 所示。要使用这些工具，只需要单击对应的按钮或从附加的实用程序列表中选择即可，单击"更多"按钮可以访问附加的实用程序列表。

图 2-9 "运动"面板

图 2-10 "显示"面板

图 2-11 "工具"面板

4. 视图区

视图区是 3ds Max 操作界面中最大的区域，位于操作界面的中部，它是主要的工作区。在视图区中，3ds Max 系统本身默认为 4 个基本视图，如图 2-12 所示。

顶视图：从场景正上方向下垂直观察物体对象。

前视图：从场景正前方观察物体对象。

左视图：从场景正左方观察物体对象。

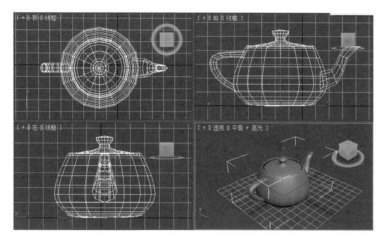

图 2-12　视图区域

透视图：能从任何角度观察物体对象的整体效果，可以变换角度进行观察。透视图是以三维立体方式对场景进行显示观察，其他 3 个视图都是以平面形式对场景进行显示观察的。

这 4 个视图的类型是可以改变的，激活视图后，在视图的左上角都有视图类型提示，将光标移动到提示类型上并右击鼠标，在弹出的菜单中选择要切换的视图类型即可，如图 2-13 所示。

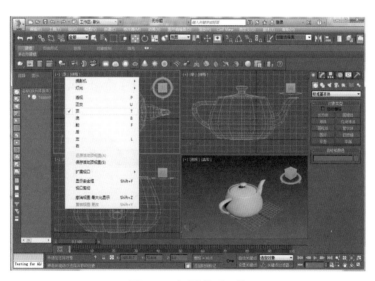

图 2-13　视图类型切换

5. 视图控制区

视图控制区位于 3ds Max 操作界面的右下角，该控制区内的功能按钮主要用于控制视图的显示状态，但并不改变视图中物体本身的大小及结构，部分按钮内还有隐藏按钮，如图 2-14 所示。

视图控制区中常用工具的含义如下：

缩放：放大或缩小目前激活的视图区域。

缩放所有视图：放大或缩小所有视图区域。

最大化显示：将所选择的对象缩放到最大范围。

所有视图最大化显示：将视图中的所有对象以最大的方式显示。

所有视图最大化显示选定对象：将所有视图中的选择对象以最大的方式显示。

缩放区域：拖动鼠标缩放视图中的选择区域。

视野：同时缩放透视图中的指定区域。

平移视图：沿着任何方向移动视窗，但不能拉近或推远视图。

环绕：围绕场景旋转视图。这是一个弹出式按钮，这个命令主要用于透视图和用户视图的角度调整。如果在其他正交视图中使用此命令，会发现正交视图自动切换为用户视图。

最大化视口切换：在原视图与满屏之间切换激活的视图。

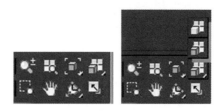

图 2-14　视图控制按钮

提示：在透视图或用户视图中，按住 Alt 键，同时按住鼠标滚轮并移动鼠标，也可以对物体进行视角的旋转。

6. 动画控制区

动画控制区位于视图控制区的左侧，主要用于进行动画的记录、动画帧的选择、动画的播放以及动画时间的控制，如图 2-15 所示。

图 2-15　动画控制区

7. 提示区与状态栏

提示区与状态栏可以显示当前有关场景和活动命令的提示和操作状态。提示区主要用于建模时对模型空间位置的提示，状态栏主要用于建模时对模型的操作说明。提示区与状态栏如图 2-16 所示。

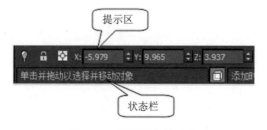

图 2-16　提示区与状态栏

2.2 设置建模环境

2.2.1 单位设置

在使用 3ds Max 建模之前，有必要对工作环境进行设置，以便更好地进行建模。单位设置是进行三维建模的首要工作，设置不同的单位将影响模型的导入、模型的导出以及模型的合并。单位设置包括显示单位比例设置和系统单位设置。

（1）启动 3ds Max，执行"自定义"→"单位设置"命令，在弹出的对话框中将"显示单位比例"中的"公制"设置为所需要的单位，如图 2-17 所示。

（2）在"单位设置"对话框中单击"系统单位设置"按钮，在打开的对话框中，将"系统单位比例"中的单位与步骤（1）中设置的"显示单位比例"匹配，如图 2-18 所示。设置完成后单击"确定"按钮。

图 2-17　显示单位比例设置　　　图 2-18　系统单位设置

2.2.2 文件间隔保存设置

在插入或创建的图形较大时，计算机屏幕的显示性能会越来越慢。为了提高计算机屏幕的显示性能，用户可以更改备份间隔保存时间。

（1）执行"自定义"→"首选项"命令，如图 2-19 所示。打开"首选项设置"对话框，如图 2-20 所示。

（2）在对话框中打开"文件"选项卡，在"自动备份"选项组中输入"备份间隔"时间，如图 2-21 所示。单击"确定"按钮，完成文件间隔保存设置。

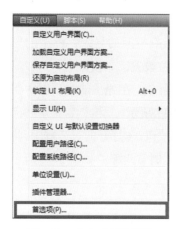

图 2-19　单击"首选项"

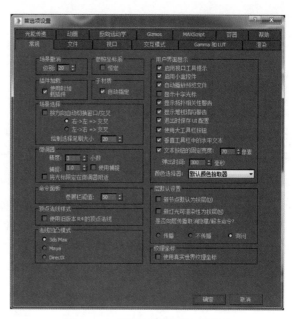

图 2-20　"首选项设置"对话框

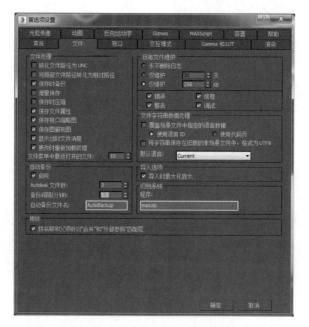

图 2-21　"备份间隔"时间设置

2.2.3　设置快捷键

利用快捷键创建模型可以极大地提高工作效率，节省寻找菜单命令或工具的时间。为了避免快捷键与外部软件的冲突，用户可以自定义设置快捷键。

（1）执行"自定义"→"自定义用户界面"命令。

（2）在弹出的"自定义用户界面"对话框中选择"键盘"选项卡，指定需要设置的快捷键命令即可。

2.2.4 实例——设置附加命令快捷键

本实例主要将附加命令快捷键设置为 Alt+F8。

（1）执行"自定义"→"自定义用户界面"命令，打开"自定义用户界面"对话框，如图 2-22 所示。

图 2-22 "自定义用户界面"对话框

（2）选择"键盘"选项卡→单击"组"列表框，在弹出的列表框中选择"可编辑多边形"命令，如图 2-23 所示。

图 2-23 选择"可编辑多边形"选项

（3）在下方的列表框中会显示该组中包含的命令选项，选择需要设置快捷键的"附加"选项，如图 2-24 所示。

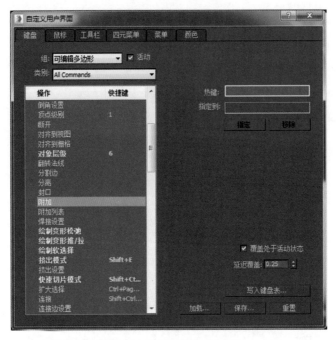

图 2-24　选择"附加"选项

（4）在右侧"热键"列表框中单击→按下 Alt+F8 键→单击"指定"按钮，即可设置快捷键，如图 2-25 所示。

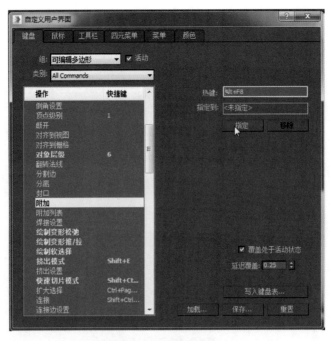

图 2-25　设置快捷键

22

2.3 文件的基本操作

文件的基本操作包括新建文件、重置文件、打开文件、保存文件等方面的操作。

2.3.1 新建文件

当启动 3ds Max 以后，程序会自动创建一个新的文件供用户使用。在工作过程中需要创建一个新的文件时，可以使用以下 3 种方法新建文件。

（1）单击"快速访问区"中的"新建"按钮 。

（2）按 Ctrl+N 组合键。

（3）单击"文件菜单"按钮 ，选择"新建"命令。

选择"新建"菜单的右向箭头，在弹出的级联菜单中有 4 个选项，如图 2-26 所示，在选择所需要的选项后，即可创建一个新的文件。在级联菜单中的 4 个选项含义如下：

新建全部：在新建文件的场景中不保留之前的任何内容。

保留对象：在新建文件的场景中保留了原有的物体，但各物体之间的层级关系消除了。

保留对象和层次：在新建文件场景中，仍保留原有的物体以及各物体之间的层级关系。

从模板新建：使用模板格式创建新的文件。

2.3.2 重置文件

单击"文件菜单"按钮 ，选择"重置"命令，可以新建一个文件并重新设置系统环境，这个命令在 3ds Max 中会经常用到。

在选择"重置"命令后，将打开一个询问对话框，如图 2-27 所示。如果单击"是"按钮，将创建一个新的文件，并恢复到默认状态下的操作环境；如果单击"否"按钮，将取消这次操作，返回到当前的场景中。

图 2-26 "新建"菜单

图 2-27 "重置"询问对话框

注意：使用"新建"命令创建的场景将保持所有目前界面的设置，包括视图和命令面板。使用"重置"命令，将回到默认状态下的操作界面。

2.3.3 打开文件

"打开"命令用于打开一个已有的场景文件。单击"文件菜单"按钮 ，选择"打开"命令，或按 Ctrl+O 组合键，将弹出"打开文件"对话框，如图 2-28 所示。

图 2-28　打开文件

在"打开文件"对话框中选择指定的文件后，单击"打开"按钮即可打开该文件。由于 3ds Max 一次只能打开一个场景，所以在打开一个新的场景文件后，将自动关闭前面已经打开的场景。

2.3.4　保存文件

当完成一个比较重要的操作步骤或工作环节后，应即时对文件进行一次保存，避免因死机或停电等意外情况造成数据的丢失。

单击"文件菜单"按钮，选择"保存"命令，或直接按下 Ctrl+S 组合键，即可对文件进行保存。如果场景没有被保存过，系统会弹出"文件另存为"对话框，如图 2-29 所示，在对话框中可以选择保存文件的路径。

图 2-29　保存文件

如果对场景已经进行了保存，当再次对文件进行保存时，文件将以原文件名进行保存。如果此时要以其他名称进行文件保存，则需要单击"文件菜单"按钮，选择"另存为"

命令,在弹出的"文件另存为"对话框中根据需要将文件重命名,单击"保存"按钮即可。

注意:"另存为"命令中"归档"操作可以将当前文件及当前文件所使用的资源,如贴图、光域网等,统一存储到压缩文件中。这样可以防止只带走 Max 文件时,在其他计算机上打开造成贴图丢失。

2.3.5 合并文件

在进行效果图制作时,往往都是制作完成主要场景后,将该场景中用到的组件或模型合并到当前文件,以提高效果图制作的效率。

单击"文件菜单"按钮 →选择"导入"菜单下的"合并"命令→在弹出的"合并文件"对话框中选择需要合并的 *.max 文件→单击"打开"按钮,如图 2-30 所示。在"合并"模型对话框中选择需要合并的部分,如图 2-31 所示,单击"确定"按钮,即可将模型合并到场景文件中。

图 2-30　"合并文件"对话框

图 2-31　合并模型

2.3.6 导出文件

3ds Max 文件内容需要导出为其他软件能识别和使用的文件，需要将当前的 *.max 导出为其他格式，如 *.3ds、*.FBX 等格式。

单击"文件菜单"按钮 →选择"导出"菜单下的"导出"命令→在"保存类型"下拉列表中选择需要导出的文件，如图 2-32 所示，单击"保存"按钮即可导出。

图 2-32　导出类型

2.3.7 实例——文件归档

使用 3ds Max 软件制作室内外效果图、产品效果图、动画和游戏场景时，当前场景中用到的模型、材质、贴图、灯光、声音等内容，在复制或通过网络渲染时根据需要将其进行归档处理，方便将当前文件所用到的所有资源统一打包，然后在其他计算机中打开或访问时，文件内容比较完整。

（1）对当前文件设置材质、灯光和渲染等参数，尽量将用到的素材放在同一目录下。

（2）单击"文件菜单"按钮 →选择"另存为"菜单下的"归档"命令,弹出"文件归档"对话框，如图 2-33 所示。

图 2-33　"文件归档"对话框

（3）单击"保存"按钮后，弹出"文件归档"窗口，如图 2-34 所示。窗口自动关闭时才能完成归档操作。

图 2-34　"文件归档"窗口

2.4　进入 3ds Max 的三维世界

2.4.1　选择对象

在物体进行编辑之前，首先要做的就是对所要编辑的对象进行选择，然后才能对其进行编辑。在 3ds Max 中可以通过不同的方式对物体进行选择。

1. 直接选择对象

选择物体最基本的方法是使用工具栏上的"选择物体"工具 ，在场景中单击要选择的物体即可将其选中。用鼠标单击场景中的对象后，在正交视图与透视图中被选择的对象四周将会出现高亮蓝色线框以标示出对象的轮廓范围。其快捷键为 Q。

提示：如果要同时选择多个物体，可以按住 Ctrl 键，用鼠标连续单击或框选要选择的物体；如果要取消其中个别的选择，可以按住 Alt 键，单击或框选要取消选择的物体。

2. 按名称选择对象

使用工具栏上的"按名称选择"工具 可以通过物体的名称对其进行选择，单击该按钮，将打开"从场景选择"对话框，如图 2-35 所示。其快捷键为 H。

在"从场景选择"对话框的名称列表中列举了场景中存在的对象；在对话框的工具栏中提供了显示对象的类型（如几何体、图形、灯光等）。只需要在"查找"文本框中输入要选择的对象名称，即可选择指定的对象。或者在名称列表中选择对象后，单击"确定"按钮，完成对指定对象的选择。

注意：在比较复杂的场景中，使用"选择物体"工具往往无法正确地选择到所要的对象，使选择操作显得十分困难，如果这时使用"按名称选择"工具就轻松多了。

图 2-35 "从场景选择"对话框

3. 区域选择

3ds Max 提供了多种区域选择方式。"矩形选择区域"按钮 ▣ 是系统默认的选择方式，其他选择方式都是在矩形选择方式的隐藏选项中。

▣ 矩形选择区域：用于在矩形选区内选择对象，如图 2-36 所示。

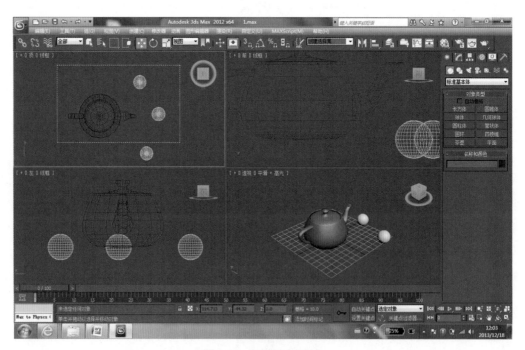

图 2-36 矩形选择区域

◯ 圆形选择区域：用于在圆形选区内选择对象，如图 2-37 所示。

◁ 围栏选择区域：用于在不规则的"围栏"形状中选择对象，如图 2-38 所示。

◌ 套索选择区域：用于在复杂的区域内通过单击鼠标操作选择对象，如图 2-39 所示。

▥ 绘制选择区域：用于将鼠标在对象上方拖动以将其选中，如图 2-40 所示。

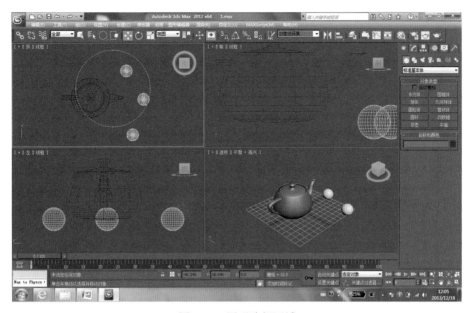

图 2-37　圆形选择区域

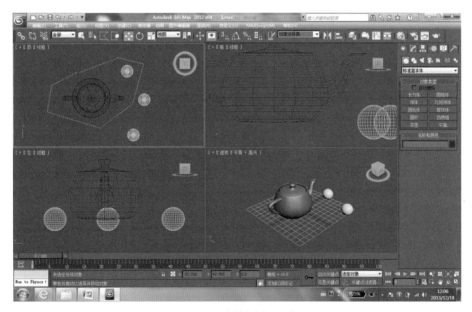

图 2-38　围栏选择区域

4. 设置选择范围

在按区域选择时，可以选择按窗口方式或交叉方式选择对象。单击工具栏中的"窗口／交叉"按钮 ，可以在窗口模式和交叉模式之间进行切换。

窗口选择方式：只有完全在选择框内的对象才能被选择。

交叉选择方式：选择框之内以及与选择框接触的对象都将被选择。

5. 选择过滤器

选择过滤器工具用于设置场景中能被选择的物体类型，比如只选择几何体或只选择灯光，这样可以避免在复杂场景中选错物体。

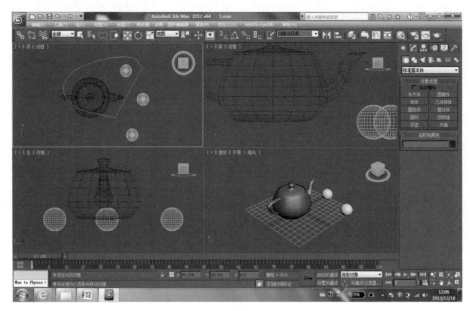

图 2-39　套索选择区域

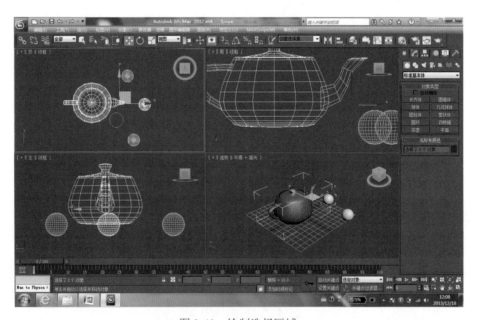

图 2-40　绘制选择区域

在选择过滤器的下拉列表框 全部 ▼ 中，包括几何体、灯光、摄像机等对象类型。从列表中选择过滤方式即可。在建模时，该过滤器使用相对较少。在进行灯光调节时，通常需要设置过滤类型为"灯光"，以方便选择灯光并进行调整。

2.4.2　选择并移动对象

移动对象是最常用的操作之一，使用工具栏上的"选择并移动"工具 ✛ 不仅可以对场景中的物体进行选择，还可以将被选择的物体移动到指定的位置。其快捷键为 W。

单击"选择并移动"工具，然后单击所要选择的物体即可将该物体选择。当鼠标光标移动到物体坐标轴上时（比如 X 轴），光标会变形，并且坐标轴（X 轴）会变成亮黄色，表示可以移动，如图 2-41 所示。此时按住鼠标左键不放，并拖动光标，物体就会跟随光标一起移动。

利用移动工具可以使物体沿两个轴向同时移动，每两个坐标轴之间都有共同的区域，当鼠标光标移动到此处区域时，该区域会变黄，如图 2-42 所示。按住鼠标左键并拖动光标，物体就会跟随光标一起沿两个轴向移动。

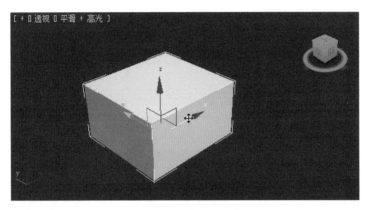

图 2-41　单向移动对象

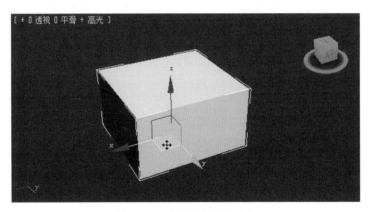

图 2-42　沿两轴向移动对象

用拖动鼠标的方法只能将物体移到一个大致的位置。如果要将物体精确地移动一段距离，则需要在选择对象后，右击"选择并移动"工具，在打开的"移动变化输入"对话框中输入对象需要移动的距离，如图 2-43 所示，然后按 Enter 键确认，如图 2-44 所示。

"绝对：世界"：用于改变物体的绝对坐标。

"偏移：屏幕"：用于改变物体相对的位置。

X：改变物体在 X 轴方向的位置。

Y：改变物体在 Y 轴方向的位置。

Z：改变物体在 Z 轴方向的位置。

图 2-43　输入移动距离

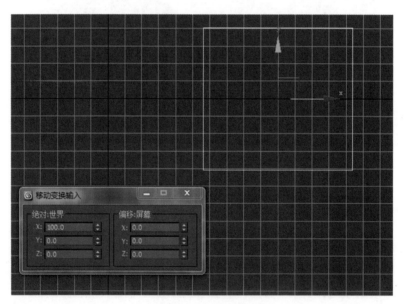

图 2-44　移动对象

2.4.3　选择并旋转对象

"选择并旋转"工具 可以选择物体并对物体进行旋转操作，其快捷键为 E。

选择物体并启用旋转工具，当鼠标光标移动到物体的旋转轴上时，光标会变为 形状，旋转轴的颜色会变成黄色，如图 2-45 所示。按住鼠标左键不放并拖动光标，物体会随光标的移动而旋转，如图 2-46 所示。红、绿、蓝分别对应 X、Y、Z 三个轴向，旋转物体只能用于单方向旋转。

如果想精确旋转角度，可以在"选择并旋转"工具上右击，在弹出的"旋转变换输入"对话框中输入准确的数值，以对物体进行旋转，如图 2-47 所示。

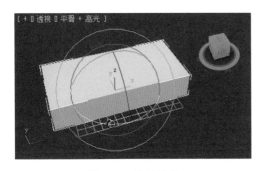

图 2-45　旋转物体

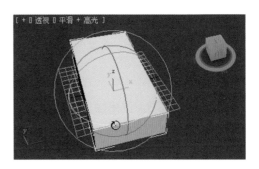

图 2-46　沿 Z 轴旋转物体

图 2-47　"旋转变换输入"对话框

2.4.4　选择并缩放对象

"选择并均匀缩放"工具 可以在选择物体后，对物体进行缩放处理。按住"选择并均匀缩放"工具不放，将展开各种缩放工具，其中包含了"选择并均匀缩放"工具 、"选择并非均匀缩放"工具 和"选择并挤压"工具 三种，如图 2-48 所示。

选择并均匀缩放：对物体进行等比例缩放，只改变物体的体积，不改变形状。

选择并非均匀缩放：对物体在指定的轴向上进行缩放，只改变物体在该轴上的比例大小，其他轴上的比例不发生变化。物体的体积和形状都发生变化。

选择并挤压：在指定的轴上使物体发生缩放变形，将改变物体在该轴上的比例大小，其他轴上的比例将发生相反的变化，以保持物体的总体积不变。

2.4.5　选择并放置对象

"选择并放置"工具 可以将选择的对象精确地放置到选择的曲面物体上。按住"选择并放置"工具不放，将展开各种放置工具，其中包含"选择并移动放置"工具 和"选择并旋转放置"工具 两种，如图 2-49 所示。

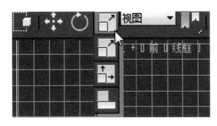

图 2-48　缩放工具

图 2-49　放置工具

选择并移动放置：将在场景中选择的物体拖动放置到曲面物体表面。

选择并旋转放置：实现物体在曲面上自由的旋转。

2.4.6　对齐对象

"对齐"工具 可以快速、准确地将指定的物体对象按照一定的方向对齐。选择一个物体后，单击"对齐"工具按钮 ，然后再单击视图中的目标对象，如图 2-50 所示，将弹出"对齐当前选择"对话框，如图 2-51 所示。设置好对齐的选项后，单击"确定"按钮，即完成对齐操作。

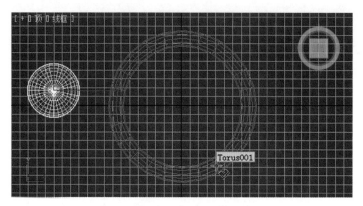

图 2-50　对齐目标

图 2-51　设置对齐方式

2.4.7　捕捉设置

在 3ds Max 中可以运用捕捉功能在创建和编辑对象时进行精确定位。常用的捕捉工具包括"捕捉开关" 、"角度捕捉" 、"百分比捕捉" ，如图 2-52 所示。"捕捉开关"

按钮包含"二维捕捉" 、"2.5维捕捉" 和"三维捕捉" ，如图2-53所示,其中各种捕捉工具含义如下:

图2-52　常用捕捉工具　　　　　　　　图2-53　捕捉开关

二维捕捉开关:只用于捕捉当前视图构建平面上的元素,Z轴被忽略,通常用于平面图形的捕捉。

2.5维捕捉开关:介于二维和三维间的捕捉,能捕捉三维空间中的二维图形和激活视图构建平面上的投影点。

三维捕捉开关:用于在三维空间中捕捉物体。

角度捕捉:设置旋转操作时的角度间隔,使对象按固定的增量进行旋转。

百分比捕捉:设置缩放和挤压操作的百分比间隔,使比例缩放按固定的增量进行。

捕捉工具都必须是在开启状态下才能起作用,单击捕捉工具按钮,按钮按下表示被开启。要想灵活运用捕捉工具还需要对它的参数进行设置。在捕捉工具按钮上右击鼠标,都会弹出"栅格和捕捉设置"窗口,如图2-54所示。

"捕捉"面板:用于调整空间捕捉的类型。图2-54为系统默认设置的捕捉类型。栅格点捕捉、端点捕捉、中点捕捉、顶点捕捉是常用的捕捉类型。

"选项"面板:用于调整角度捕捉和百分比捕捉的参数,如图2-55所示。

图2-54　"捕捉"面板　　　　　　　　图2-55　"选项"面板

2.4.8　复制对象

在3ds Max中除了常常会用到移动、旋转模型的操作外,通常还会对模型进行复制操作,以创建所需的相同模型。在3ds Max中复制对象的方法有多种,可以直接复制对象、也可以镜像复制对象或阵列复制对象等。

1. 直接复制对象

在 3ds Max 中制作效果图时，通常会需要用到多个相同的模型组成最终的效果图，为了提高工作效率，可以在创建一个模型后，使用复制的方法创建其他模型。操作步骤如下：

（1）选中物体，按住 Shift 键并移动物体，在完成移动后，会弹出"克隆选项"对话框，如图 2-56 所示。

（2）选择复制的类型及复制的格式，再单击"确定"按钮，完成复制。运用旋转、缩放工具也能对物体进行复制，方法与移动工具相似。

"克隆选项"对话框含义如下：

复制：用于单纯的复制操作，复制后的物体与原物体之间没有任何关系，是完全独立的物体。

实例：复制后的物体与原物体相互关联，对任何一个物体的参数修改都会影响到其他物体。

参考：复制后的物体与原物体有一种参考关系，对原物体进行参数修改，复制物体会受同样的影响，但对复制物体进行修改不会影响原物体。

副本数：用于设置复制出对象的数目。

名称：用于设置复制出对象的名称，如果要复制出多个对象，系统将在对象的名称后依次编号。

2. 镜像对象

3ds Max 中的"镜像"工具 能模拟现实中镜面的功能，对物体对象进行镜像转换，也可以创建出相对于当前坐标系统对称的对象副本。

选择需要镜像的物体后，单击工具栏上的"镜像"工具，打开"镜像"对话框，如图 2-57 所示。根据需要设置好镜像的选项后，单击"确定"按钮即可完成镜像的操作，如图 2-58 所示。

图 2-56 "克隆选项"对话框

图 2-57 "镜像"对话框

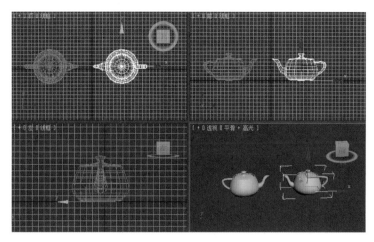

图 2-58　镜像复制对象

"镜像"对话框含义如下：

镜像轴：用于设置镜像的轴向，系统提供了 6 种镜像轴向。

偏移：用于设置镜像物体与原始物体轴心点之间的距离。

克隆当前选择：用于确定镜像物体的复制类型。

不克隆：表示仅把原始物体镜像到新位置而不复制对象。

复制：把选定物体镜像复制到指定位置。

实例：把选定物体关联镜像复制到指定位置。

参考：把选定物体参考镜像复制到指定位置。

注意：使用镜像复制应该熟悉轴向的设置，选择物体后单击镜像工具，可以依次选择镜像轴，观察镜像复制物体的轴向，视图中复制物体是随"镜像"对话框中镜像轴的改变实时显示的，选择合适的轴向后单击"确定"按钮即可。

3．阵列对象

阵列操作能够轻易地创建出对象的成倍副本的集合。在"阵列"对话框中，可以指定阵列尺寸偏移量、旋转和复制数量。选择一个对象后，执行"工具"→"阵列"命令，即可打开"阵列"对话框，如图 2-59 所示。

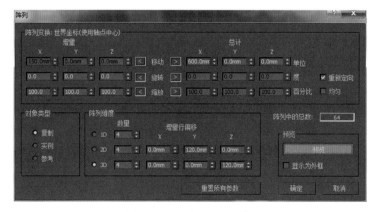

图 2-59　"阵列"对话框

例如，将一个物体沿 X、Y、Z 轴进行阵列，可以在"阵列"对话框中设置 X 轴上移动复制的偏移量为 600，设置各轴向的复制后数量均为 4，Y、Z 轴向上的间距为 120，阵列后的效果如图 2-60 所示。

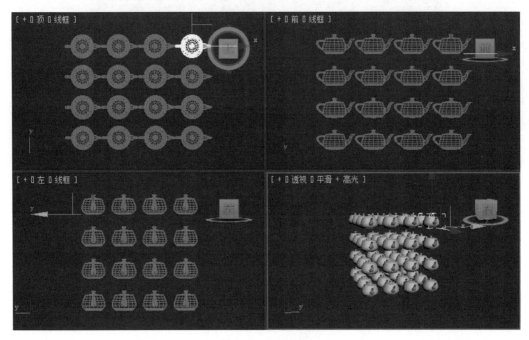

图 2-60　阵列效果

"阵列"对话框含义如下：

阵列变换：用于指定如何设置 3 种方式来进行阵列复制。

增量：分别用于设置 X、Y、Z 三个轴向上的阵列物体之间距离大小、旋转角度、缩放程度的增量。

总计：分别用于设置 X、Y、Z 三个轴向上的阵列物体自身距离大小、旋转角度、缩放程度的增量。

对象类型：用于确定复制的方式。

阵列维度：用于确定阵列变换的维数。

1D、2D、3D：设置创建一维阵列、二维阵列、三维阵列。

4．路径阵列

路径阵列也称"间隔工具"，是指将选择的物体沿指定的路径进行复制。路径阵列实现物体在路径上的均匀分布，可以实现道路两侧的数目分布等效果。选择一个对象后，执行"工具"→"对齐"→"间隔工具"命令，即可打开"间隔工具"对话框，如图 2-61 所示。

例如，将一个球体沿一条路径阵列，选择球体后可以在"间隔工具"对话框中单击"拾取路径"按钮，在视图中单击选择路径对象，在"计数"选框中设置个数，单击"应用"按钮。完成路径阵列复制，如图 2-62 所示。

图 2-61 "间隔工具"对话框

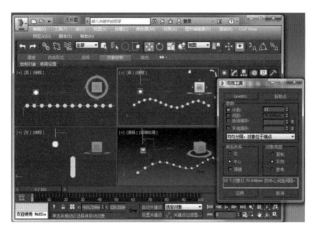

图 2-62 路径阵列复制

2.4.9 物体编辑成组

物体编辑成组是将多个对象编辑为一个组的命令，选择要编辑成组的物体后，单击"组"菜单命令，会弹出如图 2-63 所示的下拉菜单。下拉菜单中的命令用于对组的编辑。

图 2-63 "组"菜单

成组：用于把场景中选定的物体编辑为一个组。

解组：用于把选中的组解散。

打开：用于暂时打开一个选中的组，可以对组中的物体单独编辑。

关闭：用于把暂时打开的组关闭。

附加：用于把一个物体对象增加到一个组中。先选中一个物体，执行附加命令，再单击组中任意一个物体即可。

分离：用于把物体从组中分离出来。

炸开：能够使组以及组内所嵌套的组都彻底解散。

集合：用于将多个物体对象、组合并至单个组。

下面通过一个例子，来介绍"组"命令，操作步骤如下：

（1）在视图中任意创建几个几何体，选中所有对象，如图2-64所示。（几何体的创建将在下一章中介绍。）

（2）选择"组"→"成组"命令，弹出"组"对话框，在"组名"文本框中可以编辑组的名称，如图2-65所示。单击"确定"按钮，被选择的几何体成为一个组，任意选择其中一个几何体，整个组都会被选择。

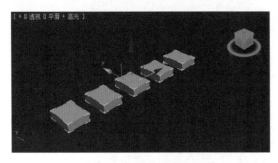

图2-64 选择几何体   图2-65 "组"对话框

（3）选择"组"→"打开"命令，该组会被暂时打开，选择其中一个物体，可以对该物体进行单独编辑。

（4）选择"组"→"关闭"命令，可以使打开的组闭合。选择"组"→"炸开"命令，可以使这个组彻底解散。

注意：将物体编辑成组在建模中会经常用到，对于较为复杂的场景，应该在创建组的同时给所创建的组编辑名称，以便于后期选择修改。

2.4.10 撤销和重复命令

在建模中，操作步骤会非常多，如果当前某一步操作出现错误，重新进行操作是不现实的。3ds Max中提供了撤销和重复命令，可以使操作回到之前的某一步，这在建模过程中非常有用。

撤销命令：用于撤销最近一次操作的命令，可以连续使用，快捷键Ctrl+Z。单击撤销按钮右侧的下拉箭头，会显示当前所执行过的一些步骤列表，可以从中选择要撤销到的位置即可。

重复命令：用于恢复撤销命令，可以连续使用，快捷键为Ctrl+Y。重复功能也有重复步骤的列表，使用方法与撤销命令相同。

2.4.11 视图操作

默认情况下，工作界面由顶视图、前视图、左视图、透视视图4个视图组成，它们分别并列在视图区，但为了更精确地进行编辑操作，可以最大化显示视图，通过最大化视图更容易观察和编辑模型。最大化视图的方法有以下两种：

（1）在视图导航栏中单击"最大化视图"按钮 ![]。

（2）按快捷键 Alt+W。

单击视图激活，如图 2-66 所示，按 Alt+W 快捷键将视图切换到最大化模式，如图 2-67 所示。

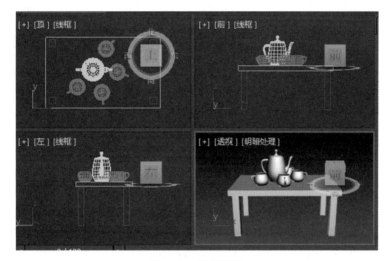

图 2-66　激活视图

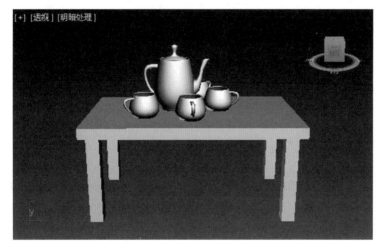

图 2-67　最大化视图

提示：视图切换的快捷键：顶视图为 T，前视图为 F，左视图为 L，底视图为 B，透视图为 P。

2.4.12　实例——将茶壶放置于球体表面

本实例主要讲解将一个茶壶放置于球体表面，并将其调整到合适的角度。

（1）单击"选择并移动放置"工具→在视图场景中选择茶壶并将其拖动到球体表面合适的位置，如图 2-68 所示。

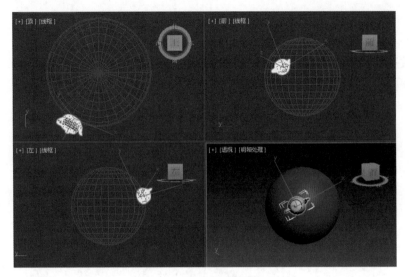

图 2-68　将茶壶放置于球体表面

（2）单击"选择并旋转放置"工具→在场景中旋转茶壶到合适的角度，如图 2-69 所示。

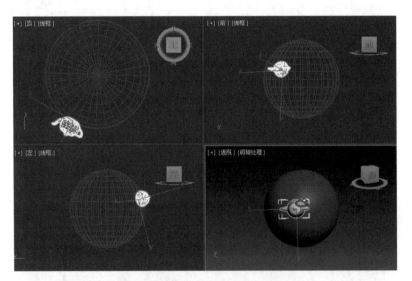

图 2-69　调整茶壶在球体表面的角度

2.4.13　实例——将茶壶放置于圆锥顶部

本实例主要讲解将一个茶壶放置于圆锥体锥尖。

（1）在顶视图中选择茶壶对象→单击"对齐"工具→在视图场景中选择圆锥，如图 2-70 所示。在弹出的"对齐当前选择"对话框中设置 X、Y 轴对齐选项，单击"确定"按钮。如图 2-71 所示。

（2）在前视图中选择茶壶对象→单击"对齐"工具→在视图场景中选择圆锥→在弹出的"对齐当前选择"对话框中设置 Y 轴对齐选项，如图 2-72 所示。单击"确定"按钮，最终效果如图 2-73 所示。

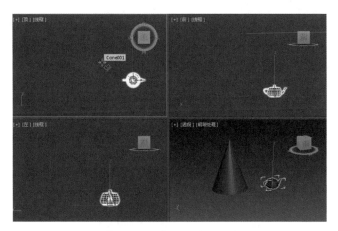

图 2-70 对齐工具拾取圆锥

图 2-71 顶视图对齐选项

图 2-72 前视图对齐选项

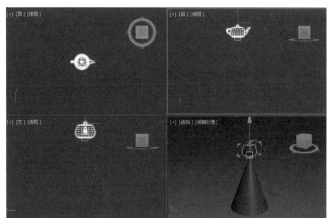

图 2-73 对齐效果

2.5 拓展实例

2.5.1 更改视图布局

默认情况下，视图区由四块大小相同的视图组成，可以根据需要更改视图布局。下面设置 4 个视口，左侧视图大小一致，并列放置，右侧有一个视图。操作步骤如下：

（1）执行"视图"→"视口配置"命令，打开"视口配置"对话框，如图 2-74 所示。

（2）在该对话框中单击"布局"选项卡，在该选项卡中选择合适的视口布局，如图 2-75 所示。

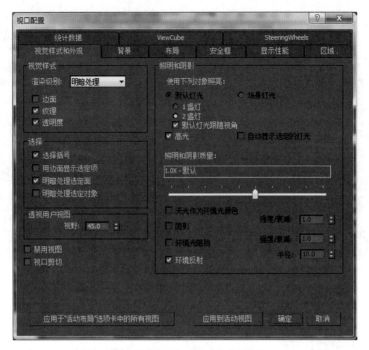

图 2-74 "视口配置"对话框

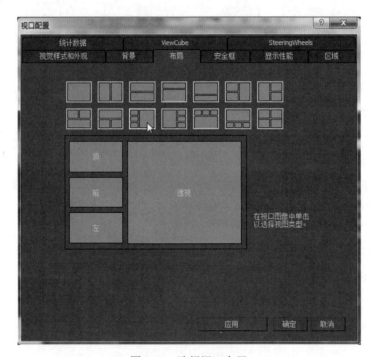

图 2-75 选择视口布局

（3）设置完成后单击"确定"按钮，返回视图区，即可预览更改的视图布局效果，如图 2-76 所示。

（4）在透视图边界处放置鼠标，当出现双向箭头时单击并拖动鼠标，即可更改透视图大小，如图 2-77 所示。

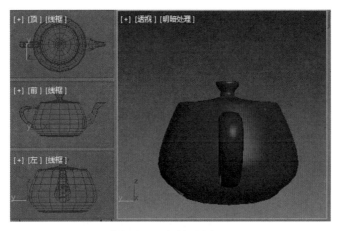

图 2-76　更改视图布局

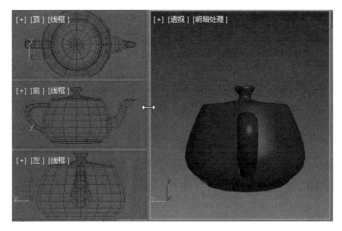

图 2-77　设置视图大小

2.5.2　切换视图

建模过程中在不同视图间切换可以采用快捷键操作，也可以单击视图左上角的文字图标，在弹出的快捷菜单中单击相应的视图选项，即可更改当前视图，如图 2-78 所示。

图 2-78　更改当前视图

2.5.3 隐藏栅格

建模过程中需要隐藏视图栅格，其操作步骤如下：

（1）选择需要隐藏栅格的视图，本实例中选择顶视图，如图 2-79 所示。

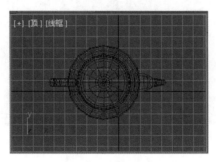

图 2-79 选择顶视图

（2）单击左上角视图控件按钮"+"，在弹出的快捷菜单中单击"显示栅格"选项，取消栅格显示，如图 2-80 所示。即可隐藏栅格，效果如图 2-81 所示。

图 2-80 取消"显示栅格"　　　　图 2-81 隐藏栅格效果

提示："隐藏栅格"快捷键为 G。

本章小结

本章主要介绍了虚拟现实建模常用软件 3ds Max 的工作界面和基本操作。重点讲解了 3ds Max 建模环境中多种选择对象的操作方法，以及 3ds Max 建模环境中对象的缩放、旋转、移动、复制等基础操作。使读者能够利用常用操作工具选择对象并在多个视图中灵活进行操作。

第二篇　基础建模篇

第3章
基本体建模

【本章要点】
- 标准基本体的创建方法
- 扩展基本体的创建方法
- 利用基本体创建模型

3.1 基本体概述

3ds Max 在"创建"面板中"几何体"面板的下拉列表中提供了"标准基本体"和"扩展基本体"两个选项，如图 3-1 所示。在这两个选项中，包含可以创建出简单几何形体的按钮，灵活使用它们可以制作出一些常见模型。

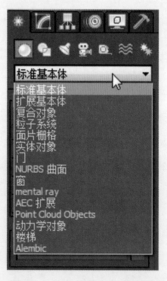

图 3-1   "几何体"下拉列表

3.2 标准基本体的创建

复杂的模型都是由许多标准体组合而成的，所以学习如何创建标准基本体是非常关键的。标准基本体是最简单的三维物体，在视图中拖动鼠标即可创建标准基本体。

标准基本体包括 10 种类型，它们分别是长方体、圆锥体、球体、几何球体、圆柱体、管状体、圆环、四棱锥、茶壶和平面，如图 3-2 所示。

图 3-2 标准基本体

3.2.1 长方体的创建

长方体是最基础的标准基本体，用于制作正六面体或长方体。下面介绍长方体的创建方法及其参数设置。

1. 创建长方体

创建长方体有两种类型：一种是立方体的创建，另一种是长方体的创建。在"创建方法"卷展栏中，选择立方体或长方体创建选项，如图 3-3 所示。

图 3-3 创建长方体的类型

立方体：创建长、宽、高都相等的长方体，即立方体。

长方体：创建长方体，系统默认的创建方法。

长方体的创建方法比较简单，也比较典型，是学习创建其他几何体的基础。操作步骤如下：

（1）单击"创建"面板→"几何体"→"标准基本体"→"长方体"按钮，表示该创建命令被激活。

（2）移动光标到适当的位置，单击并按住鼠标左键不放拖动光标，视图中生成一个长方形平面，如图 3-4 所示。松开鼠标左键并上下移动光标，长方形的高度会随光标的移动而增减，在合适的位置单击鼠标，长方体创建完成，如图 3-5 所示。

图 3-4 绘制长方形平面

图 3-5 拖动鼠标创建长方体

（3）除了使用拖动鼠标创建长方体，也可以通过使用键盘输入参数的方法创建长方体，精确地指定长方体的长、宽、高。展开"键盘输入"卷展栏，进行相应的参数设置，如图 3-6 所示，然后单击"创建"按钮，即可在视图中创建所需要的长方体。

2. 长方体的参数

创建完长方体后，如果要对其进行修改，可以选中要修改的长方体，然后单击"修改"面板，在该面板中会显示长方体的参数，如图 3-7 所示。

图 3-6 键盘输入参数

图 3-7 "修改"面板

"名称和颜色"卷展栏用于显示和更改长方体的名称和颜色，如图 3-8 所示。创建一个三维模型以后，程序会根据三维模型的类型和创建顺序为其设置一个默认的名称，这个名称可以根据需要进行修改。单击名称框后的颜色框，弹出"对象颜色"对话框，可以为长方体选择指定一种颜色，如图 3-9 所示。也可以单击"添加自定义颜色"按钮，自定义颜色。

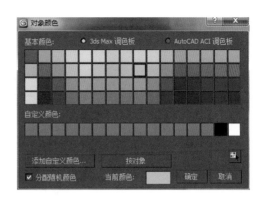

图3-9 "对象颜色"对话框

图3-8 "名称和颜色"卷展栏

"参数"卷展栏用于调整物体的体积、形状以及表面的光滑度，如图3-10所示。在参数的数值框中可以直接输入数值进行设置，也可以利用数值框旁边的微调器进行调整。

图3-10 "参数"卷展栏

长度／宽度／高度：确定长方体的长、宽、高三边的长度。

长度／宽度／高度分段：控制长、宽、高三边上的段数，段数越多表面越细腻。

生成贴图坐标：自动指定贴图坐标。

注意：几何体的分段数是控制几何体表面光滑程度的参数，段数越多，表面就越光滑。但并不是段数越多越好，应该在不影响几何体形体的前提下将段数降到最低。在进行复杂建模时，如果物体不必要，却将段数设置过多，会影响建模后期的渲染速度。

3.2.2 圆锥体的创建

圆锥体用于制作圆锥、圆台、四棱锥和棱台以及它们的局部，下面介绍圆锥体的创建方法及其参数设置。

1. 创建圆锥体

创建圆锥体同样有两种方法，一种是边创建，一种是中心创建，如图3-11所示。

边创建：以边界为起点创建圆锥体，在视图中以光标所单击的点作为圆锥体底面的边界起点，随着光标的拖动始终以该点作为圆锥体的边界。

中心创建：以中心为起点创建圆锥体，在视图中以光标单击点作为圆锥体底面的中心点，是系统默认的创建方式。

图 3-11　创建圆锥体的类型

创建圆锥体的操作步骤如下：

（1）单击"创建"面板→"几何体"→"标准基本体"→"圆锥体"按钮，激活创建命令。

（2）移动光标到视图中的适当位置，单击并按住鼠标左键不放，拖动光标，视图中将生成一个圆形平面；松开鼠标左键并上下移动，锥体的高度会随光标的移动而增减，在合适的位置单击鼠标；再次移动光标，调整顶端面的大小，单击鼠标完成创建，如图 3-12 所示。

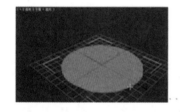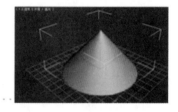

图 3-12　创建圆锥体

2. 圆锥体的参数

选择创建的圆锥体，然后单击"修改"面板，在"参数"卷展栏中会显示圆锥体的各项参数，如图 3-13 所示。各参数的含义如下：

半径 1：设置圆锥体底面半径。

半径 2：设置圆锥体顶面半径，半径为 2 不为 0，则圆锥体将变为圆台体。

高度：设置圆锥体的高度。

高度分段：设置圆锥体在高度上的段数。

端面分段：设置圆锥体在上顶面和下底面上沿半径方向上的段数。

边数：设置圆锥体端面圆周上的段数。值越大，圆锥体越光滑，值越小，圆锥体将变为棱锥体，当值为 4 时，为四棱锥，如图 3-14 所示。

平滑：表示是否进行表面光滑处理。选中时，产生圆锥、圆台，取消时，产生四棱锥、棱台。

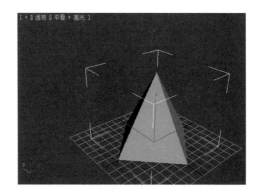

图 3-13　圆锥体的参数　　　　　　　　　　图 3-14　四棱锥

启用切片：表示是否开启切片处理，勾选后可以在下面设置调整圆锥体的局部切片，效果如图 3-15 所示。

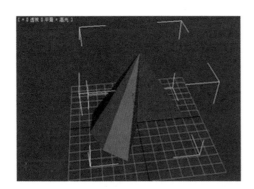

图 3-15　切片处理效果及参数

切片起始位置 / 切片结束位置：分别设置切片两端切除的幅度。输入正值，切片按逆时针方向进行；输入负值，切片按顺时针方向进行。

3.2.3　球体的创建

球体用于制作表面光滑的球体或制作局部球体，下面介绍球体的创建方法及其参数设置。

1. 创建球体

创建球体的方法也有两种，与圆锥体相同，这里就不再介绍了。球体的创建方法非常简单，操作步骤如下：

（1）单击"创建"面板→"几何体"→"标准基本体"→"球体"按钮，激活创建命令。

（2）移动光标到视图中的适当位置，单击并按住鼠标左键不放，拖动光标，视图中将生成一个球体，移动光标可以调整球体的大小，在合适的位置松开鼠标左键，球体创建完成如图 3-16 所示。

2. 球体的参数

选择创建的球体，然后单击"修改"面板，在该面板中会显示球体的参数，如图 3-17 所示。各参数的含义如下：

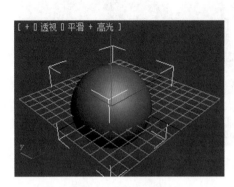

图 3-16　创建球体　　　　　　　　　　　图 3-17　球体的参数

半径：设置球体的半径大小。

分段：设置表面的段数，值越大，表面越光滑。

平滑：是否对球体表面进行光滑处理。

半球：用于创建半球或局部球体。取值范围为 0 ～ 1，当值为 0 时，将创建完整的球体；当值为 0.5 时，创建出半球体；当值为 1 时，不产生任何造型。不同的半球参数对应效果分别如图 3-18 至图 3-20 所示。

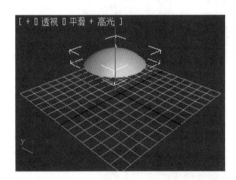

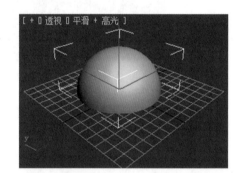

图 3-18　半球值为 0.75　　　　　　　　　图 3-19　半球值为 0.5

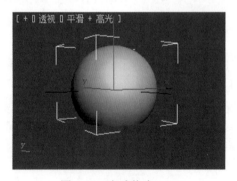

图 3-20　半球值为 0.25

切除 / 挤压：在进行半球系数调整时发挥作用。用于确定球体被切除后，原来的网格划分也随之切除或者仍保留但被挤出剩余的球体。

启用切片：表示是否开启切片处理，勾选后可以在下面设置调整圆锥体的局部切片。

切片起始位置 / 切片结束位置：分别设置切片两端切除的幅度。输入正值，切片按逆时针方向进行；输入负值，切片按顺时针方向进行。

3.2.4 几何球体的创建

几何球体用于建立以三角面相拼接而成的球体或半球体，下面介绍几何球体的创建方法及其参数设置。

1．创建几何球体

创建几何球体有两种方法，一种是直接创建方法，另一种是中心创建方法，如图 3-21 所示。

图 3-21　几何球体创建方法

直接创建：以直接方式拖拉出几何球体。在视图中以第一次单击鼠标的点为起点，把光标的拖动方向作为创建几何球体的直径方向。

中心创建：以中心方式拖拉出几何球体。在视图中第一次单击鼠标的点作为要创建的几何球体的中心，拖动光标的位移大小作为所要创建几何球体的半径，是系统默认的创建方式。

几何球体的创建方法与球体相同，操作步骤如下：

（1）单击"创建"面板→"几何体"→"标准基本体"→"几何球体"按钮，激活创建命令。

（2）在视图中单击并拖动鼠标，在适当的位置松开鼠标可以创建一个几何球体，如图 3-22 所示。

2．几何球体的参数

在"修改"面板中，可以对几何球体的参数进行修改，如图 3-23 所示。各参数的含义如下：

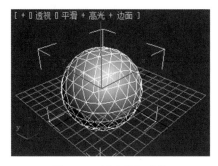

图 3-22　创建几何球体

图 3-23　几何球体参数

半径：确定几何球体的半径大小。

分段：设置球体表面的复杂度，值越大，三角面越多，球体表面越光滑。

基点面：确定是由哪种规则的异面体组合成球体。

提示：创建的球体和几何球体基本是一样的，只是各自的网格分段不同，在加上其他修改命令后，将得到不同的效果。另外，球体可以实现半球参数调整，几何球体则不能。

3.2.5 圆柱体的创建

圆柱体可以用于制作棱柱体、圆柱体、局部圆柱，下面介绍圆柱体的创建方法及其参数设置。

1. 创建圆柱体

圆柱体的创建方法与长方体基本相同，操作步骤如下：

（1）单击"创建"面板→"几何体"→"标准基本体"→"圆柱体"按钮，激活创建命令。

（2）在视图中单击并拖动鼠标，视图中将出现一个圆形平面，松开鼠标并上下移动，可以确定圆柱体的高，如图 3-24 所示。

2. 圆柱体的参数

在"修改"面板中，可以对圆柱体的参数进行修改，如图 3-25 所示。各参数的含义如下：

半径：底面和顶面的半径。

高度：确定柱体的高度。

高度分段：确定柱体在高度上的段数。

端面分段：确定两端面上沿半径方向的段数。

边数：确定圆周上的段数，对于圆柱体，边数越多越光滑，最小值为 3。

其他参数请参看前面圆锥体参数说明。

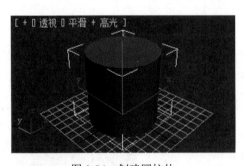

图 3-24　创建圆柱体

图 3-25　圆柱体参数

3.2.6 管状体的创建

管状体可以用于创建空心圆管造型，包括圆管、棱管等，下面介绍管状体的创建方法及其参数设置。

1. 创建管状体

创建管状体的方法与创建圆柱体和圆锥体的方法类似，操作步骤如下：

（1）单击"创建"面板→"几何体"→"标准基本体"→"管状体"按钮，激活创建命令。

（2）在视图中单击并拖动鼠标，在视图中会出现一个圆，松开鼠标上下移动，会生成一个圆环形面片，单击鼠标确定后再上下移动，会生成管状体的高，再次单击鼠标确定，管状体创建完成，如图3-26所示。

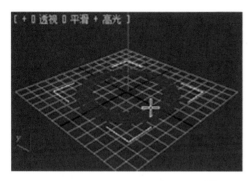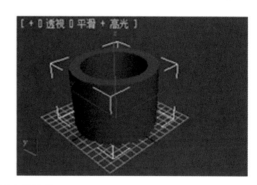

图3-26　创建管状体

2. 管状体的参数

在"修改"面板中，可以对管状体的参数进行修改，如图3-27所示。各参数的含义如下：

半径1/半径2：分别设置底面圆环的内径和外径大小。

高度：设置管状体的高度。

高度分段：设置管状体高度上的段数。

端面分段：设置管状体上下底面的段数。

边数：设置管状体侧边数的多少。值越大，管状体越光滑。对棱管来说，边数值决定其属于几棱管。例如，当边数为5，即为五棱管，如图3-28所示。

图3-27　管状体参数

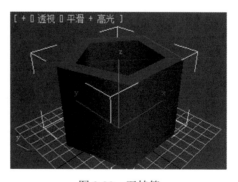

图3-28　五棱管

其他参数请参看前面圆锥体的参数说明。

3.2.7 圆环的创建

圆环是一个有着圆形剖面的环状体，下面介绍圆环的创建方法及其参数设置。

1. 创建圆环

创建圆环的操作步骤如下：

（1）单击"创建"面板→"几何体"→"标准基本体"→"圆环"按钮，激活创建命令。

（2）在视图中单击并拖动鼠标，在视图中会出现一个圆环，在适当的位置松开鼠标并上下移动，调整圆环的粗细，然后单击鼠标确定，圆环创建完成，如图3-29所示。

2. 圆环的参数

选中圆环，在"修改"面板中，可以对圆环的参数进行设置与修改，如图3-30所示。各参数的含义如下：

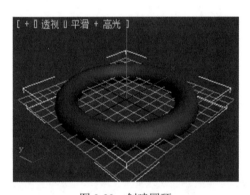

图3-29　创建圆环

图3-30　圆环的参数

半径1：设置圆环中心与截面正多边形的中心距离。

半径2：设置截面正多边形的内径。

旋转：设置每一片段截面沿圆环轴旋转的角度，如果进行扭曲设置或以不光滑表面着色，可以看到其效果。

扭曲：设置每一片段截面扭曲的角度，产生扭曲的表面。

分段：设置圆周方向上的片段数。值越大，圆环越光滑。

平滑：设置光滑属性，使棱边光滑。有4种方式，全部：对所有表面进行光滑处理；侧面：只对圆环的圆形剖面进行光滑处理；无：不进行光滑处理；分段：只对相邻面的边界进行光滑处理。例如，图3-31中圆环使用了全部光滑效果；图3-32中的圆环使用侧面光滑效果；图3-33中的圆环使用无光滑效果；图3-34中圆环使用了分段光滑效果。

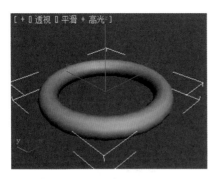
图 3-31　全部光滑

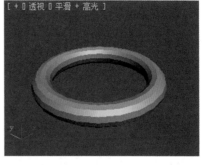
图 3-32　侧面光滑

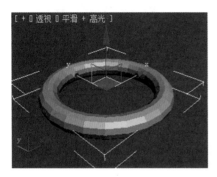
图 3-33　无光滑

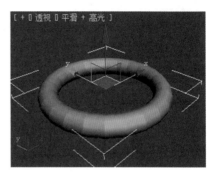
图 3-34　分段光滑

3.2.8　四棱锥的创建

四棱锥用于创建锥体模型，下面介绍四棱锥的创建方法及其参数设置。

1. 创建四棱锥

四棱锥的创建方法有两种，一种是基点/顶点创建方法，另一种是中心创建方法，如图 3-35 所示。

图 3-35　四棱锥的创建方法

基点/顶点创建：系统把鼠标第一次单击的位置点作为四棱锥底面点或顶点，是系统默认的创建方式。

中心创建：系统把鼠标第一次单击的位置点作为四棱锥底面的中心点。

四棱锥的创建方法非常简单，操作步骤如下：

（1）单击"创建"面板→"几何体"→"标准基本体"→"四棱锥"按钮，激活创建命令。

（2）在视图中单击并拖动鼠标，在视图中会出现一个长方形平面，在适当的位置松开鼠标并上下移动，会生成四棱锥的高，然后单击鼠标确定，四棱锥创建完成，如图 3-36 所示。

2. 四棱锥的参数

选中四棱锥，在"修改"面板中，可以对四棱锥的参数进行设置与修改，如图 3-37 所示。

各参数的含义如下：

宽度 / 深度 / 高度：设置底面矩形的长、宽以及锥体的高。

宽度分段 / 深度分段 / 高度分段：设置三个轴向上的段数。

其他参数请参看前面圆锥体参数说明。

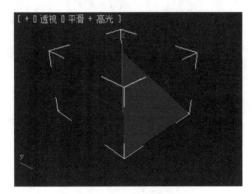

图 3-36　创建四棱锥

图 3-37　四棱锥的参数

3.2.9　茶壶的创建

茶壶用于创建一个标准的茶壶或者茶壶的某一部分，下面介绍茶壶的创建方法及其参数设置。

1. 创建茶壶

茶壶的创建步骤如下：

（1）单击"创建"面板→"几何体"→"标准基本体"→"茶壶"按钮，激活创建命令。

（2）在视图中单击并拖动鼠标，在视图中会出现一个茶壶，在适当的位置松开鼠标，茶壶创建完成，如图 3-38 所示。

2. 茶壶的参数

选中茶壶，在"修改"面板中，可以对茶壶的参数进行设置与修改，如图 3-39 所示。各参数的含义如下：

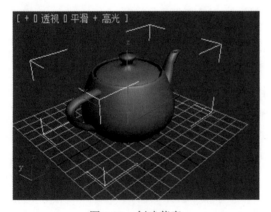

图 3-38　创建茶壶

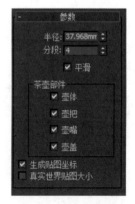

图 3-39　茶壶的参数

半径：设置茶壶的大小。

分段：设置茶壶表面的划分精度，值越大，表面越细腻。

茶壶部件：设置茶壶各部分的显示与隐藏。勾选则显示，取消则隐藏。分为壶体、壶把、壶嘴、壶盖四部分。

其他参数请参看前面圆锥体参数说明。

3.2.10　平面的创建

平面是一类特殊的多边形网格物体，用于在效果图中创建地面、场地等，使用非常方便。下面介绍平面的创建方法及其参数设置。

1. 创建平面

平面的创建非常简单，操作步骤如下：

（1）单击"创建"面板→"几何体"→"标准基本体"→"平面"按钮，激活创建命令。

（2）在视图中单击并拖动鼠标，在视图中会出现平面，在适当的位置松开鼠标，平面创建完成，如图3-40所示。

2. 平面的参数

选中平面，在"修改"面板中，可以对平面的参数进行设置与修改，如图3-41所示。各参数的含义如下：

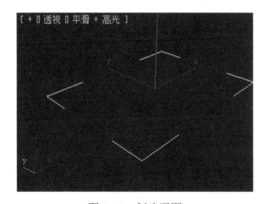

图3-40　创建平面

图3-41　平面的参数

长度/宽度：分别设置平面的长、宽，以确定平面的大小。

长度分段/宽度分段：设置长、宽方向上的段数。

渲染倍增：只在渲染时起作用，可以设置缩放、密度值。缩放：渲染时平面的长和宽均以该尺寸比例倍数扩大；密度：渲染时平面的长和宽方向上的分段数均以该密度比例倍数扩大。

总面数：显示平面对象全部的面片数。

3.2.11　实例——室外凉亭的制作

本实例主要使用长方体、圆柱体、四棱锥制作一个室外凉亭。其具体操作如下：

（1）单击"创建"面板→"几何体"→"标准基本体"→"长方体"按钮，在顶视图中创建一个长方体,命名为凉亭底部,参数设置如图 3-42 所示。

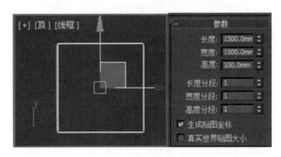

图 3-42 创建长方体

(2)在顶视图中再创建一个圆柱体,命名为凉亭柱体 1,参数设置如图 3-43 所示。使用"放置"工具在透视图中将圆柱体放置在长方体表面合适的位置。

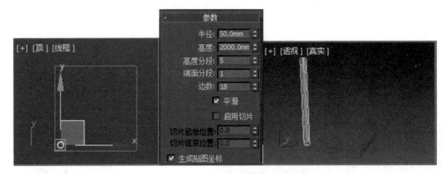

图 3-43 创建圆柱体

(3)使用"移动"工具将创建好的圆柱体以"实例"的方式复制 3 份,放置在长方体的 4 个角的位置,如图 3-44 所示。

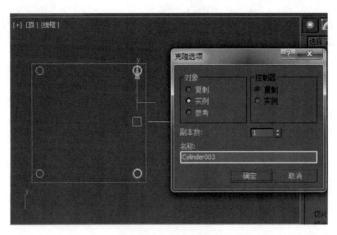

图 3-44 复制圆柱体

(4)单击"创建"面板→"几何体"→"标准基本体"→"四棱锥"按钮,在顶视图中创建一个四棱锥,命名为凉亭顶部,参数设置如图 3-45 所示。

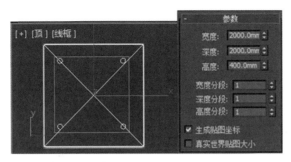

图 3-45　创建四棱锥

（5）选择创建的四棱锥，使用"对齐"工具在顶视图拾取凉亭底部，进行 X、Y 轴中心对齐，如图 3-46 所示。再次使用"对齐"工具在前视图将四棱锥对齐圆柱体顶端，参数设置如图 3-47 所示。至此，室外凉亭制作完成，如图 3-48 所示。

图 3-46　顶视图对齐设置

图 3-47　前视图对齐设置

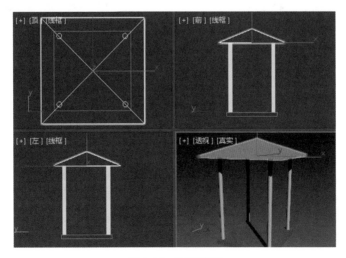

图 3-48　室外凉亭

3.2.12 实例——水杯的制作

本实例主要使用管状体、圆环等制作一个水杯模型。其具体操作如下：

（1）单击"创建"面板→"几何体"→"标准基本体"→"管状体"按钮，在顶视图中创建一个管状体，参数设置如图 3-49 所示，模型效果如图 3-50 所示。

图 3-49　管状体参数

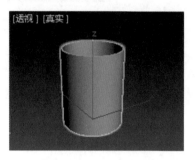

图 3-50　管状体效果

（2）单击"创建"面板→"几何体"→"标准基本体"→"圆环"按钮，在顶视图中创建一个圆环，参数设置如图 3-51 所示。使用"对齐"工具在顶视图将圆环与管状体 X、Y 轴中心对齐，在前视图将圆环放在管状体上端合适位置，效果如图 3-52 所示。

图 3-51　圆环参数

图 3-52　圆环效果

（3）在前视图选择圆环，使用"选择并移动"工具按住 Shift 键向下按"实例"复制一个圆环到管状体底部，效果图如图 3-53 所示。

（4）单击"创建"面板→"几何体"→"标准基本体"→"圆柱体"按钮，在顶视图中创建一个圆柱体，参数如图 3-54 所示。使用"对齐"工具在顶视图将圆柱体与管状体 X、Y 轴中心对齐，使用"对齐"工具在前视图将圆柱体与底部圆环 Y 轴中心对齐，效果如图 3-55 所示。

（5）单击"创建"面板→"几何体"→"标准基本体"→"圆环"按钮，在前视图中创建一个圆环作为把手的上半部分，参数设置如图 3-56 所示。将其放在合适的位置，在顶视图中使用"对齐"工具，将该圆环与杯身管状体 Y 轴中心对齐，如图 3-57 所示。

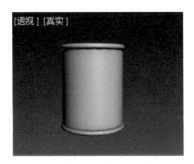

图 3-53　复制圆环

图 3-54　圆柱体参数

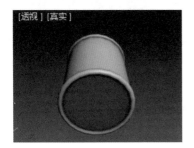

图 3-55　圆柱体效果

图 3-56　圆环参数

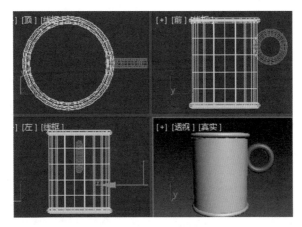

图 3-57　圆环把手效果

（6）在前视图中使用"选择并移动"工具将上一步创建的圆环按住 Shift 键沿 Y 轴向下复制，在"修改"面板适当调整其"半径"大小，最终效果如图 3-58 所示。

图 3-58　水杯效果

3.2.13　实例——雪人模型的制作

本实例主要使用球体、圆锥制作一个雪人模型。其具体操作如下：

（1）单击"创建"面板→"几何体"→"标准基本体"→"球体"按钮，在顶视图中创建一个球体，参数设置如图 3-59 所示，模型效果如图 3-60 所示。

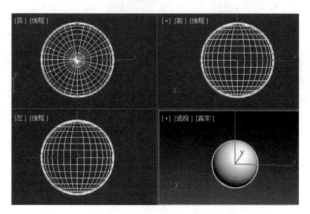

图 3-59　球体参数　　　　　　　　　　　　图 3-60　球体效果

（2）单击"创建"面板→"几何体"→"标准基本体"→"球体"按钮，在顶视图中再次创建一个球体，参数设置如图 3-61 所示。使用"移动"工具分别在顶视图、前视图、左视图将球体调整到合适的位置，效果如图 3-62 所示。

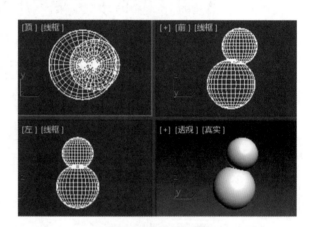

图 3-61　球体参数　　　　　　　　　　　　图 3-62　模型效果

（3）单击"创建"面板→"几何体"→"标准基本体"→"球体"按钮，在左视图中创建一个球体作为雪人眼睛部分，参数设置如图 3-63 所示。使用"移动"工具分别在顶视图、前视图、左视图将球体调整到合适的位置，效果如图 3-64 所示。使用"移动"工具按住 Shift 键在顶视图将该球体沿 Y 轴向下按"实例"复制一份，效果如图 3-65 所示。

（4）单击"创建"面板→"几何体"→"标准基本体"→"圆锥体"按钮，在左视图中创建圆锥体作为雪人的鼻子，参数设置如图 3-66 所示。使用"移动"工具和"旋转"工具将其调整到合适的位置，效果如图 3-67 所示。

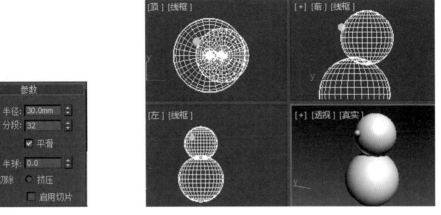

图 3-63　球体参数　　　　　　　　　图 3-64　模型效果

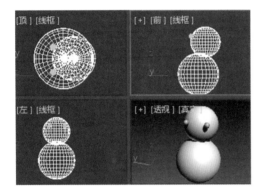

图 3-65　复制球体

图 3-66　圆锥体参数

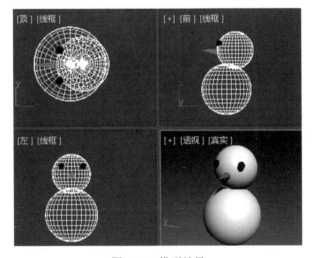

图 3-67　模型效果

（5）再次单击"创建"面板→"几何体"→"标准基本体"→"圆锥体"按钮，在顶视图中创建圆锥体作为雪人的帽子，参数设置如图 3-68 所示。使用"移动"工具和"旋转"工具将其调整到合适的位置，雪人模型制作完成，效果如图 3-69 所示。

图 3-68　圆锥体参数

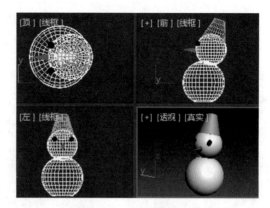

图 3-69　雪人模型效果

3.3　扩展基本体的创建

扩展基本体是在标准基本体基础上的一个深化，比标准基本体更加复杂，同时可控制的参数也更多。3ds Max 在"创建"面板中内置了 13 种扩展基本体，在"几何体"面板中的"标准基本体"下拉列表框中选择"扩展基本体"选项，如图 3-70 所示。即可展开扩展基本体所对应的按钮组，创建所需的扩展基本体。

扩展基本体包括异面体、环形结、切角长方体、切角圆柱体、油罐、纺锤、胶囊、球棱柱、环形波、棱柱、环形结、L-Ext、C-Ext 和软管，如图 3-71 所示。

图 3-70　选择"扩展基本体"

图 3-71　扩展基本体

本节将对切角长方体、异面体、环形结等主要对象的创建与应用进行介绍，其他扩展基本体的创建方法与其相似。

3.3.1 切角长方体的创建

切角长方体是一种具有平滑棱角的特殊长方体，它是使用最频繁的扩展基本体之一，建模中经常遇见的枕头和沙发靠垫等都是通过切角长方体编辑而成的。

1. 创建切角长方体

切角长方体的创建方法比较简单，操作步骤如下：

（1）单击"创建"面板→"几何体"→"扩展基本体"→"切角长方体"按钮，表示该创建命令被激活。

（2）移动光标到适当的位置，单击并按住鼠标左键不放拖动光标，视图中生成一个长方形平面，松开鼠标左键并上下移动光标调整其高度，单击鼠标后再次上下移动光标调整其圆角的系数，再次单击鼠标，切角长方体创建完成，如图3-72所示。

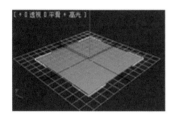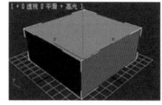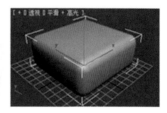

图 3-72　创建切角长方体

（3）除了使用拖动鼠标创建切角长方体，也可以通过使用键盘输入参数的方法创建切角长方体，方法与长方体的创建相同。

2. 切角长方体的参数

切角长方体的参数与长方体的参数基本相同，只是因为长方体具有棱角，所以增加了"圆角""圆角分段"数值框，如图3-73所示。

图 3-73　切角长方体参数

圆角：用来控制切角长方体棱角处平滑范围，值越大切角长方体边上的平滑范围越大。

圆角分段：用来控制圆角处的分段数，值越大，平滑越精细。

其他参数请参看前面章节参数说明。

3.3.2 异面体的创建

异面体是具有复杂表面的基本体，它由半径来控制其体积大小，通过它可以创建出较复杂的模型。下面介绍异面体的创建方法及其参数设置。

1. 创建异面体

异面体的创建方法和球体相似，操作步骤如下：

（1）单击"创建"面板→"几何体"→"扩展基本体"→"异面体"按钮，表示该创建命令被激活。

（2）移动光标到适当的位置，单击并按住鼠标左键不放拖动光标，视图中生成一个异面体，上下移动光标调整异面体的大小，在适当的位置松开鼠标左键，异面体创建完成，如图 3-74 所示。

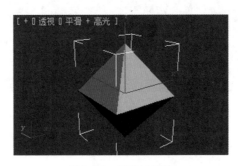

图 3-74 创建异面体

2. 异面体的参数

选中创建的异面体，在"修改"面板中，可以对异面体的参数进行设置与修改，如图 3-75 所示。各参数的含义如下：

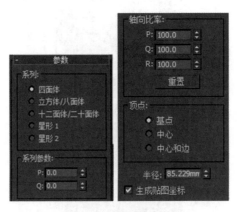

图 3-75 异面体参数

系列：该组参数提供了 5 种基本形体方式供选择，它们都是常见的异面体。从上往下依次为：四面体、立方体/八面体、十二面体/二十面体、星形 1、星形 2。其他许多复杂的异面体都可以由它们通过修改参数变形而得到。

系列参数：为异面体顶点和面之间提供两种变换方式的关联参数，其中，P 数值框用来控制顶点的变换，Q 数值框用来控制面的变换。

轴向比率：通过调整该栏的 3 个参数，可以将异面体表面的面调整成三角形、方形或五角形。 重置 按钮可以使数值恢复到默认值（系统默认值为100）。

顶点：决定异面体每个面的内部几何体。 选中"基点"，则面的细分不能超过最小值；选中"中心"，将通过在中心放置另一个顶点（其中边是从每个中心点到面角）来细分每个面；选择"中心和边"，将通过在中心放置另一个顶点（其中边是从每个中心点到面角，以及到每个边的中心）来细分每个面。与"中心"相比，"中心和边"会使多面体中的面数加倍。

半径：用来设置异面体的半径。

3.3.3 环形结的创建

环形结是圆环通过打结得到的扩展基本体，通过调整它的参数，可以制作出种类繁多的特殊造型。下面介绍环形结的创建方法及其参数设置。

1. 创建环形结

环形结的创建方法和圆环比较相似，操作步骤如下：

（1）单击"创建"面板→"几何体"→"扩展基本体"→"环形结"按钮，表示该创建命令被激活。

（2）移动光标到适当的位置，单击并按住鼠标左键不放拖动光标，视图中生成一个环形结，在适当位置松开鼠标并上下移动光标调整环形结的粗细，然后单击鼠标，环形结创建完成，如图 3-76 所示。

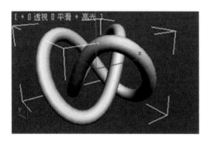

图 3-76   创建环形结

2. 环形结的参数

选中创建的环形结，在"修改"面板中，可以对环形结的参数进行设置与修改，如图 3-77 所示。各参数的含义如下：

"基础曲线"卷展栏用于控制有关环绕曲线的参数。

结、圆：用于设置创建环形结或标准圆环。

半径：设置曲线半径的大小。

分段：确定在曲线路径上分段数。

P、Q：仅对结状方式有效，控制曲线路径蜿蜒缠绕的圈数。其中，P 值控制 Z 轴方向上的缠绕圈数，Q 值控制路径轴上的缠绕圈数。当 P、Q 值相同时，产生标准的圆环。

扭曲数：仅对圆状方式有效，控制在曲线路径上产生的弯曲数目。

扭曲高度：仅对圆状方式有效，控制在曲线路径上产生的弯曲高度。

"横截面"卷展栏用于通过截面图形的参数控制来产生形态各异的造型。

半径：设置截面图形的半径大小。

边数：设置界面图形的边数，确定圆滑度。

偏心率：设置截面压扁的程度，当其值为 1 时截面为圆，其值不为 1 时截面为椭圆。

扭曲：设置截面围绕曲线路径扭曲循环的次数。

块：设置在路径上所产生的块状突起的数目。只有当块高度大于 0 时才能显示出效果。

块高度：设置块隆起的高度。

块偏移：在路径上移动块改变其位置。

  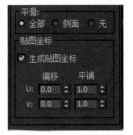

图 3-77　环形结参数

"平滑"卷展栏用于控制造型表面的光滑属性。

全部：对整个造型进行光滑处理。

侧面：只对纵向（路径方向）的面进行光滑处理，即只光滑环形结的侧边。

无：不进行表面光滑处理。

贴图坐标参数用于指定环形结的贴图坐标。

生成贴图坐标：根据环形结的曲线路径来指定贴图坐标，需要指定贴图在路径上的重复次数和偏移值。

偏移：设置在 U、V 方向上贴图的偏移值。

平铺：设置在 U、V 方向上贴图的重复次数。

3.3.4　实例——花边镜面的制作

本实例主要使用环形波与圆柱体制作一个花边镜面。其具体操作如下：

（1）单击"创建"面板→"几何体"→"扩展基本体"→"环形波"按钮，在前视图中创建一个环形波，参数设置与效果如图 3-78 所示。

（2）单击"创建"面板→"几何体"→"标准基本体"→"圆柱体"按钮，在前视图中创建一个圆柱体，参数设置如图 3-79 所示。使用"对齐"工具，在前视图将圆柱体与环形波 X、Y 轴中心对齐，在左视图将圆柱体与环形波 X 轴最小值对齐，效果如图 3-80 所示。

（3）同时选择环形波与圆柱体，执行"组"菜单→"成组"命令，在"组名"对话框中输入"花边镜面"，单击"确定"按钮，如图3-81所示。

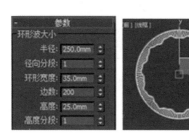

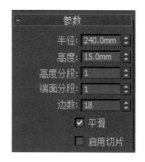

图 3-78　创建环形波　　　　　　　　　　图 3-79　圆柱体参数

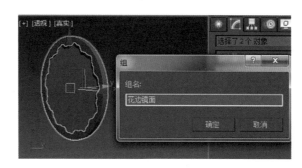

图 3-80　圆柱体效果　　　　　　　　　　图 3-81　成组模型

（4）在前视图中选择对象，使用"缩放"工具，沿Y轴适当缩放模型成椭圆形。至此，花边镜面制作完成，如图3-82所示。

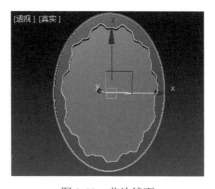

图 3-82　花边镜面

3.3.5　实例——艺术茶几的制作

本实例主要使用环形结与切角圆柱体制作一个艺术茶几。其具体操作如下：

（1）单击"创建"面板→"几何体"→"扩展基本体"→"切角圆柱体"按钮，在顶视图中创建一个切角圆柱体，参数设置与效果如图3-83所示。

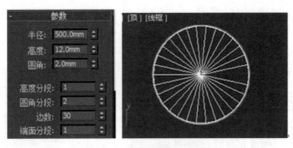

图 3-83　创建切角圆柱体

（2）单击"创建"面板→"几何体"→"扩展基本体"→"环形结"按钮，在顶视图中创建一个环形结，参数设置与效果如图 3-84 所示。

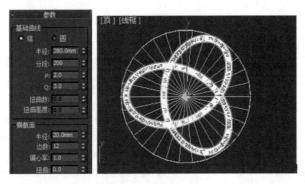

图 3-84　创建环形结

（3）使用"对齐"工具，在顶视图将环形结与圆柱体 X、Y 轴的轴心对齐，在前视图沿 Y 轴移动环形结，将环形结顶端与圆柱体结合，最终效果如图 3-85 所示。

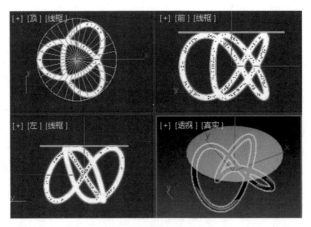

图 3-85　艺术茶几效果

3.3.6　实例——水果架的制作

本实例主要使用圆柱体、管状体与切角长方体制作一个水果架。其具体操作如下：

（1）单击"创建"面板→"几何体"→"标准基本体"→"管状体"按钮，在前视图中创建一个管状体，参数设置与效果如图3-86所示。

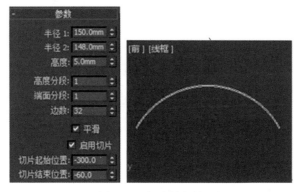

图 3-86   创建管状体

（2）单击"创建"面板→"几何体"→"扩展基本体"→"切角长方体"按钮，在顶视图中创建一个切角长方体，参数如图3-87所示。使用"放置"工具在透视图将切角长方体放置于管状体左下角表面，使用"移动"工具分别在各个视图中调整切角长方体的位置，使管状体嵌入到切角长方体中，效果如图3-88所示。

图 3-87   切角长方体参数

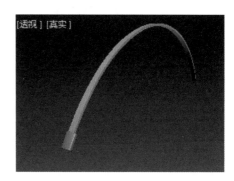

图 3-88   切角长方体效果

（3）在前视图中，使用"移动"工具按"实例"将切角长方体复制一份到管状体右侧，使用"旋转"工具旋转角度并调整其位置，使管状体右侧嵌入复制的切角长方体中，效果如图3-89所示。

（4）单击"创建"面板→"几何体"→"标准基本体"→"管状体"按钮，在前视图中再次创建一个管状体，参数设置与效果如图3-90所示。使用"对齐"工具在前视图将该管状体与步骤（1）中所创建的管状体X轴轴心对齐，在顶视图中沿Y轴中心对齐。选择所有对象，执行"组"菜单→"成组"命令，命名为水果架侧面。

（5）使用"移动"工具按住Shift键在顶视图将"水果架侧面"按"实例"复制一份，效果如图3-91所示。

（6）单击"创建"面板→"几何体"→"标准基本体"→"圆柱体"按钮，在前视图中再次创建一个圆柱体，参数设置如图3-92所示。使用"移动"工具在顶视图、前视图中调整圆柱体位置，效果如图3-93所示。

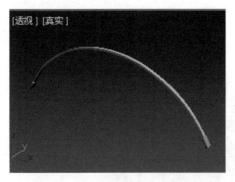

图 3-89　复制切角长方体效果

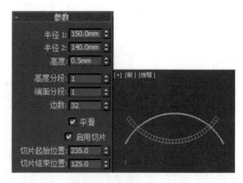

图 3-90　创建管状体

图 3-91　复制水果架侧面

图 3-92　圆柱体参数

（7）在前视图中选择圆柱体,单击"层次"面板→"仅影响轴"按钮,如图 3-94 所示。单击 2.5 捕捉开关,开启"轴心"捕捉,使用"移动"工具按住鼠标将圆柱体的轴心拖动拾取到下方管状体,如图 3-95 所示。放开鼠标后,圆柱体的轴心将移动到管状体轴心的位置,如图 3-96 所示。再次单击"仅影响轴"按钮,关闭轴心调整。

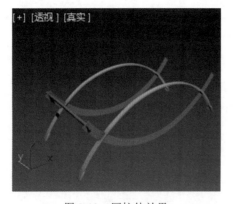

图 3-93　圆柱体效果

图 3-94　"仅影响轴"按钮

（8）在前视图中选择圆柱体,使用"旋转"工具按住 Shift 键沿管状体所在圆周按"实例"复制 15 个圆柱体,如图 3-97 所示。至此,水果架制作完成,最终效果如图 3-98 所示。

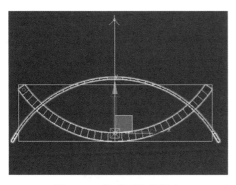

图 3-95 移动圆柱体轴心

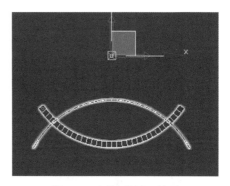

图 3-96 圆柱体轴心效果

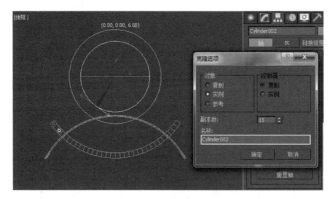

图 3-97 复制圆柱体

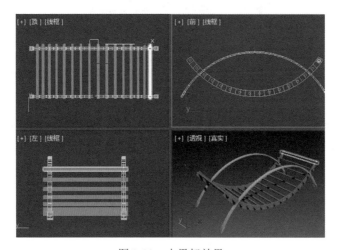

图 3-98 水果架效果

3.4 拓展实例

3.4.1 木桌与茶壶、茶杯的制作

本实例主要通过标准基本体创建简易的木桌、茶壶、茶杯模型。其具体操作如下：

1. 创建木桌

（1）单击"创建"面板→"几何体"→"标准基本体"→"长方体"按钮，在顶视图中创建一个长方体，命名为木桌台面，参数设置如图 3-99 所示。

（2）在顶视图中再创建一个长方体，命名为木桌脚 1，参数设置如图 3-100 所示。使用"移动"工具将其调整到合适的位置，如图 3-101 所示。

图 3-99　木桌台面参数设置

图 3-100　木桌脚 1 参数设置

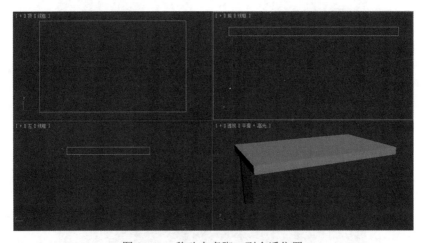

图 3-101　移动木桌脚 1 到合适位置

（3）在顶视图中选择木桌脚 1，沿 X 轴选择按"实例"移动复制对象，如图 3-102 所示。完成后在选择作为木桌脚的两个长方体，在顶视图中沿 Y 轴按"实例"移动复制，如图 3-103 所示。至此，一个简单的木桌就制作完成了。

2. 创建茶壶、茶杯

（1）单击"创建"面板→"几何体"→"标准基本体"→"茶壶"按钮，在顶视图中创建一个茶壶，参数设置如图 3-104 所示，并移动其到合适的位置。

（2）单击"选择并均匀缩放"工具，在前视图中，调整其在 Y 轴上的缩放比例，效果如图 3-105 所示。

（3）单击"创建"面板→"几何体"→"标准基本体"→"茶壶"按钮，在顶视图中创建一个茶壶，参数设置如图 3-106 所示，命名为茶杯，并移动其到合适的位置。在前视图中使用"选择并均匀缩放"工具，将其调整到合适的比例，效果如图 3-107 所示。

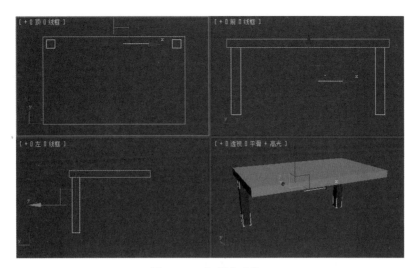

图 3-102　复制木桌脚 1

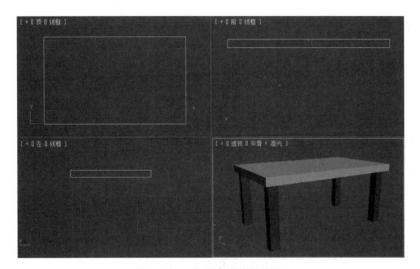

图 3-103　完成木桌脚的制作

图 3-104　茶壶参数

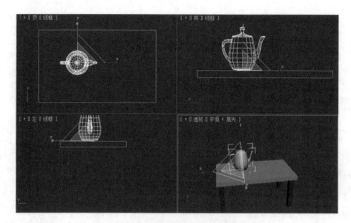

图 3-105   调整茶壶的缩放比例

图 3-106   茶杯参数设置

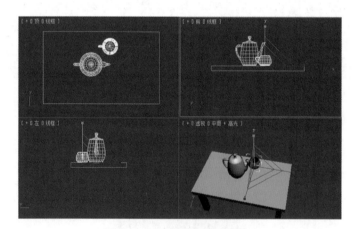

图 3-107   调整茶杯缩放比例

（4）单击"旋转"工具，在顶视图沿 Z 轴将茶杯旋转到合适的角度，如图 3-108 所示。

（5）单击"层次"面板→"轴"→"仅影响轴"按钮，如图 3-109 所示。在顶视图将茶杯的轴心移动到茶壶的中心位置，如图 3-110 所示，再将"仅影响轴"按钮关闭。单击"旋转"按钮，按"实例"旋转并复制 3 个茶杯，参数如图 3-111 所示，效果如图 3-112 所示。至此，该模型创建完成。

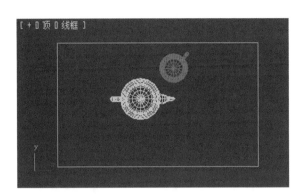

图 3-108　旋转茶杯角度

图 3-109　"仅影响轴"按钮

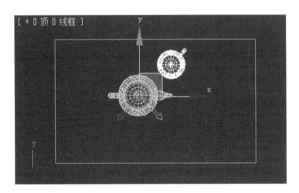

图 3-110　调整茶杯的轴心

图 3-111　旋转复制参数

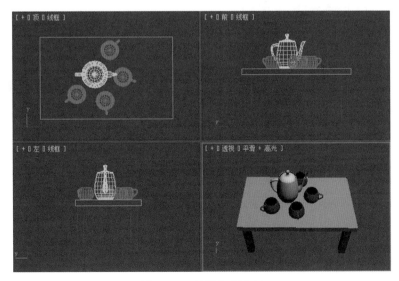

图 3-112　旋转复制茶杯

3.4.2 单人沙发的制作

本实例主要是通过扩展基本体中的切角长方体制作沙发的坐垫、靠背、扶手等组成部件，使用标准基本体中的圆柱体制作沙发脚部件。同时通过移动工具、捕捉命令、对齐命令等基础操作的灵活使用调整沙发部件的位置，完成单人沙发模型的制作。其具体操作如下：

（1）单击"创建"面板→"几何体"→"扩展基本体"→"切角长方体"按钮，在顶视图中创建一个切角长方体，命名为底座，参数设置如图 3-113 所示。效果如图 3-114 所示。

图 3-113　底座参数

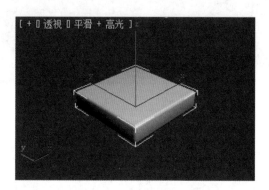

图 3-114　创建沙发的底座

（2）使用"移动"工具在前视图将创建好的沙发底座沿 Y 轴向上复制一份，设置对象类型，命名为坐垫，如图 3-115 所示。并在"修改"面板中修改其参数，如图 3-116 所示。

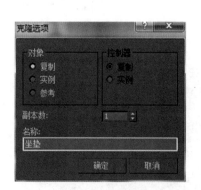

图 3-115　复制参数

图 3-116　修改坐垫参数

（3）选择坐垫对象，在前视图中使用"对齐"命令，对齐底座，参数设置如图 3-117 所示，效果如图 3-118 所示。

（4）单击"创建"面板→"几何体"→"扩展基本体"→"切角长方体"按钮，在前视图中创建一个切角长方体，命名为扶手，如图 3-119 所示，参数设置如图 3-120 所示。

（5）在前视图中选中扶手对象，使用"对齐"命令对齐底座，参数设置如图 3-121 所示。在顶视图中再次选中扶手对象，使用"对齐"命令对齐底座，参数设置如图 3-122 所示。操作完成后效果如图 3-123 所示。

图 3-117　对齐参数

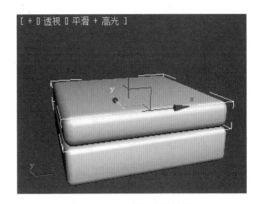

图 3-118　对齐后的效果

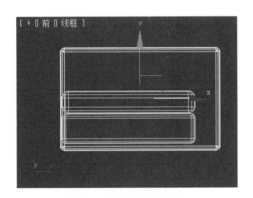

图 3-119　制作扶手对象

图 3-120　切角长方体参数

图 3-121　前视图中对齐参数

图 3-122　顶视图中对齐参数

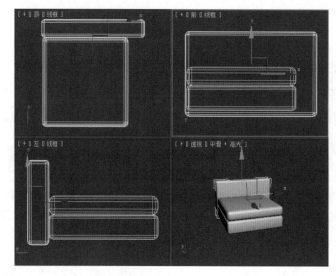

图 3-123　设置扶手位置

（6）单击"创建"面板→"几何体"→"标准基本体"→"圆柱体"按钮，在顶视图中创建一个圆柱体，命名为沙发脚，如图 3-124 所示，参数设置如图 3-125 所示。

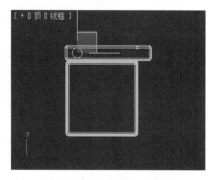

图 3-124　制作沙发脚

图 3-125　圆柱体参数

（7）在前视图中，打开"捕捉"命令，使用"移动"工具将其调整到合适的位置，如图 3-126 所示。在顶视图将沙发脚沿 X 轴移动复制到合适的位置，对象类型为"实例"，效果如图 3-127 所示。

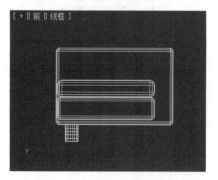

图 3-126　调整沙发脚位置

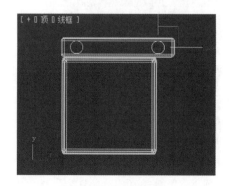

图 3-127　复制沙发脚

（8）在顶视图中，选择扶手、两个沙发脚对象沿 Y 轴移动复制到坐垫的另一侧，对象类型为"实例"。打开"捕捉"命令，使用"移动"工具将复制后的对象移动到合适的位置，如图 3-128 所示。

（9）单击"创建"面板→"几何体"→"扩展基本体"→"切角长方体"按钮，在左视图中创建一个切角长方体，命名为背部，参数如图 3-129 所示。使用"移动"工具在顶视图将其调整到合适的位置，操作完成后效果如图 3-130 所示。

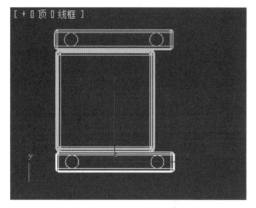

图 3-128　复制扶手、沙发脚

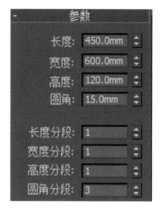

图 3-129　切角长方体参数

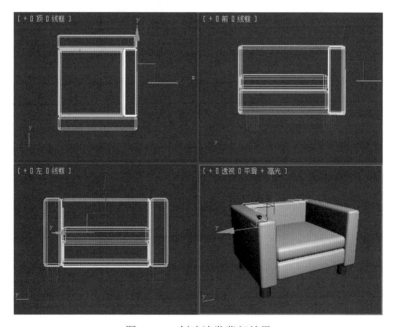

图 3-130　创建沙发背部效果

（10）在前视图中使用"移动"工具，将沙发背部沿 Y 轴向上复制一份，对象类型为"复制"，命名为靠背。在"修改"面板中调整其参数，如图 3-131 所示。使用"旋转"工具将其旋转一定的角度，并移动到合适的位置，如图 3-132 所示。至此，单人沙发制作完成，最终效果如图 3-133 所示。

图 3-131　调整靠背对象的参数

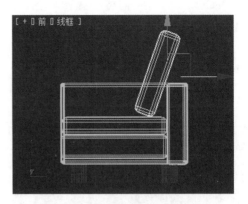

图 3-132　调整靠背的角度及位置

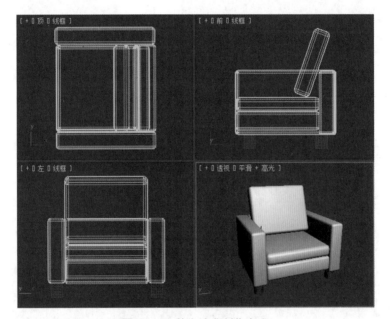

图 3-133　单人沙发制作完成

3.4.3　电脑桌的制作

本实例主要是通过标准基本体中的长方体、圆柱体创建书桌的基础组成部件，通过移动复制操作复制场景中相同的对象，再通过移动工具、对齐工具调整对象的位置，制作一个电脑桌的模型。其具体操作如下：

（1）单击"创建"面板→"几何体"→"标准基本体"→"长方体"按钮，在顶视图中创建一个长方体，命名为桌面，参数设置如图 3-134 所示，效果如图 3-135 所示。

（2）单击"创建"面板→"几何体"→"标准基本体"→"长方体"按钮，在左视图中创建一个长方体，命名为桌脚，参数设置如图 3-136 所示。使用"对齐"工具将其与桌面沿 X 轴进行中心对齐，参数设置如图 3-137 所示，效果如图 3-138 所示。

图 3-134 桌面参数

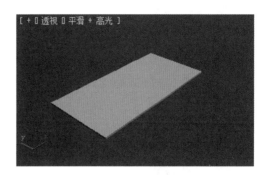

图 3-135 创建桌面

图 3-136 桌脚参数

图 3-137 对齐参数

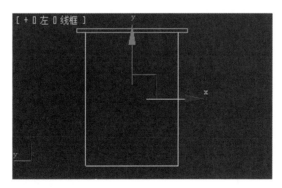

图 3-138 桌脚的参数设置

（3）单击"创建"面板→"几何体"→"标准基本体"→"长方体"按钮，在前视图中创建一个长方体，命名为抽屉，参数设置如图 3-139 所示。在顶视图中使用"对齐"工具将其与桌面沿 Y 轴进行中心对齐，如图 3-140 所示，效果如图 3-141 所示。

图 3-139　抽屉参数

图 3-140　对齐参数

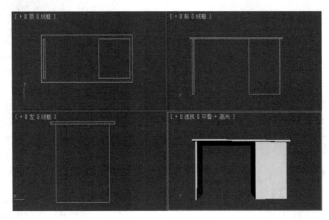

图 3-141　创建抽屉

（4）单击"创建"面板→"几何体"→"标准基本体"→"长方体"按钮，在前视图中创建一个长方体，参数设置如图 3-142 所示，使用"对齐"工具将其与抽屉进行对齐，参数设置如图 3-143 所示。在顶视图将其移动到抽屉表面，效果如图 3-144 所示。

图 3-142　长方体参数

图 3-143　对齐抽屉

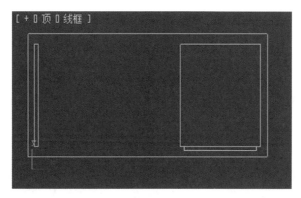

图 3-144　移动长方体

（5）单击"创建"面板→"几何体"→"标准基本体"→"圆柱体"按钮，在前视图中创建一个圆柱体，参数设置如图 3-145 所示，使用"对齐"工具将其与步骤（4）中的长方体进行对齐，参数设置如图 3-146 所示。在顶视图将其移动到合适的位置，效果如图 3-147 所示。

图 3-145　圆柱体参数

图 3-146　对齐参数

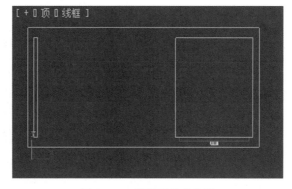

图 3-147　调整圆柱体位置

（6）选中步骤（4）、（5）中创建的长方体、圆柱体，执行"组"菜单→"成组"命令，命名为抽屉门，将其成组。在前视图中使用"移动"工具，按住 Shift 键，移动复制两个抽屉门，参数设置如图 3-148 所示，效果如图 3-149 所示。

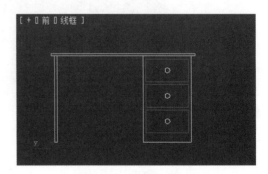

图 3-148　复制参数　　　　　　　　图 3-149　抽屉复制效果

（7）单击"创建"面板→"几何体"→"标准基本体"→"长方体"按钮，在顶视图中创建一个长方体，参数设置如图 3-150 所示，使用"对齐"工具将其与桌面沿 Y 进行中心对齐。使用"移动"工具，按"实例"将其复制一个，调整到合适的位置，如图 3-151 所示。

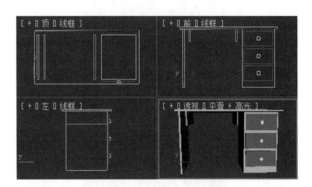

图 3-150　长方体参数　　　　　　　图 3-151　复制长方体

（8）单击"创建"面板→"几何体"→"标准基本体"→"长方体"按钮，在顶视图中创建一个长方体，参数设置如图 3-152 所示。使用"移动"工具将其调整到合适的位置，如图 3-153 所示。

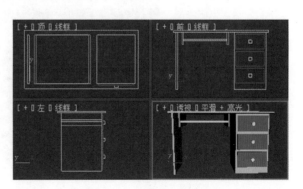

图 3-152　长方体参数　　　　　　　图 3-153　调整长方体位置

（9）单击"创建"面板→"几何体"→"标准基本体"→"长方体"按钮，在前视图中创建一个长方体，如图3-154所示，参数设置如图3-155所示。使用"移动"工具将其调整到合适的位置，如图3-156所示。

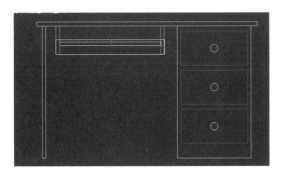

图3-154　创建长方体

图3-155　参数设置

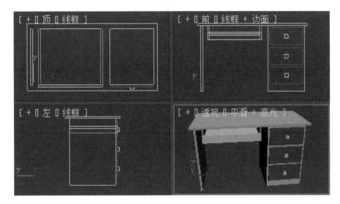

图3-156　调整长方体位置

（10）选择步骤（8）、（9）中创建的长方体，执行"组"菜单→"成组"命令，命名为键盘隔板，将其成组。使用"移动"工具，调整键盘隔板的位置，如图3-157所示。至此，电脑桌制作完成。

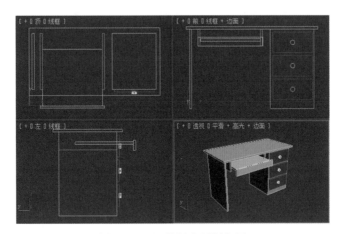

图3-157　调整键盘隔板位置

本章小结

　　本章主要讲解了 3ds Max 中标准基本体类型、标准基本体参数设置；扩展基本体类型、扩展基本体参数设置；通过标准基本体与扩展基本体制作各种三维模型的方法。让读者学会通过基本体创建三维模型。

第4章
图形的创建与编辑

【本章要点】
- 创建线的方法以及对线的编辑和修改
- 创建其他二维图形的方法
- 样条线的编辑命令

4.1 图形的创建

在 3ds Max 中为用户提供了丰富的二维图形建立工具，利用这些工具可以快速准确地建立场景所需的二维图形。同创建三维形体的方法一样，二维图形的创建也是通过调用"创建"面板中的"创建"命令来实现的。单击"创建"面板中的"图形"按钮，即可打开二维图形的"创建"面板，如图 4-1 所示。

图 4-1 "样条线"创建面板

3ds Max 为用户提供了 11 种样条线类型，用户可通过单击"样条线"面板上的命令按钮，在视图中创建出"线""矩形""圆""椭圆""弧""圆环""多边形""星形""文本""螺旋线""截面" 11 种二维图形对象。

4.1.1 线的创建

"线"工具是 3ds Max 中最常用的二维图形绘制工具之一。利用该工具用户可以随心所欲地绘制任何形状的封闭或开放型曲线，用户可以直接在视图中单击点画直线，也可以拖动鼠标绘制曲线。曲线的类型有角点、平滑和 Bezier（贝塞尔曲线）3 种。下面通过具体操作来介绍创建线的方法及其参数的设置和修改。

1. 创建线

（1）单击"创建"面板→"图形"→"线"按钮，在前视图中单击鼠标确定线的起点，移动光标到适当位置并单击鼠标确定节点，生成一条直线，如图 4-2 所示。

（2）继续移动鼠标到合适的位置，单击鼠标确定节点并按住鼠标左键不放拖动光标，生成一条弧线。松开鼠标左键，并移动到合适的位置，可以创建新的直线或曲线，如图 4-3 所示。

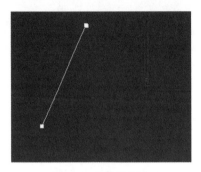

图 4-2　直线的创建

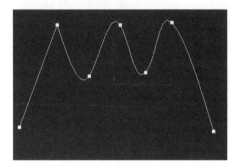

图 4-3　曲线的创建

（3）如果需要创建开放的线，右击鼠标，可结束线的创建。

（4）如果需要创建封闭的线，将光标移动到线的起点并单击鼠标，弹出"样条线"对话框，如图 4-4 所示。单击"是"按钮，即可闭合线，如图 4-5 所示。

图 4-4　"样条线"对话框

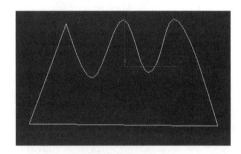

图 4-5　创建闭合线

提示：在绘制线的过程中，按住 Shift 键可以创建与前一点水平或垂直的线条，按下 Backspace 键可以删除当前创建的点。

2. 线的参数

单击创建线，在"创建"面板下会显示线的创建参数，如图 4-6 所示。

"名称和颜色"卷展栏：用于修改二维图形的名称和颜色。

"创建方法"卷展栏：用于确定创建的端点类型。

初始类型：设置单击鼠标后牵引出的曲线类型，包括"角点"和"平滑"两种，可以绘出直线和曲线。

图 4-6　线参数面板

拖动类型：设置单击并拖动鼠标时引出的曲线类型，包括"角点""平滑"和 Bezier（贝塞尔曲线)3 种。贝塞尔曲线可通过在每个节点拖动鼠标来设置曲率的值和曲线的方向，如图 4-7 所示。

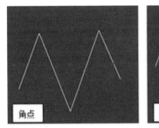
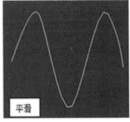
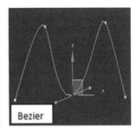

图 4-7　三种曲线类型

"键盘输入"卷展栏：用于通过键盘输入来完成样条线的绘制。

注意："平滑"是通过顶点产生一条平滑、不可调整的曲线。Bezier 是通过顶点产生一条平滑、可以调整的曲线。

3. 线的节点调整

线创建完成后，可以通过对节点进行调整，以达到满意的效果。节点有 4 种类型，分别是 Bezier 角点、Bezier、角点和平滑。下面介绍线节点的调整方法，操作步骤如下：

（1）单击"创建"面板→"图形"→"线"按钮，在前视图中绘制一条线，如图 4-8 所示。

（2）单击"修改"面板，在修改命令堆栈中单击 Line 命令前的展开按钮█，展开子层级，如图 4-9 所示。

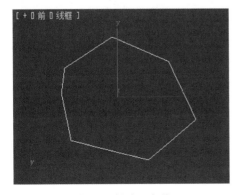

图 4-8　创建一条线　　　　　　　　　图 4-9　展开线的子层级

（3）单击"顶点"选项，该选项变为黄色表示被开启，这时视图中的线会显示出节点。单击"选择并移动"工具，可以选择节点，并移动其位置，如图4-10所示。

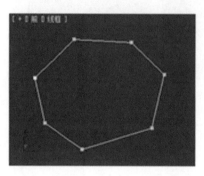 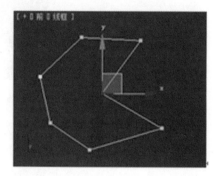

图4-10　选择并移动顶点位置

（4）选择顶点并右击，在弹出的菜单中显示了所选择节点的类型，如图4-11所示。在菜单中可以看出所选择的点为角点，在菜单中选择其他节点类型命令，节点的类型会随之改变。Bezier角点、Bezier可以通过控制手柄调整节点，角点和平滑可以直接使用"选择并移动"工具进行位置调整。

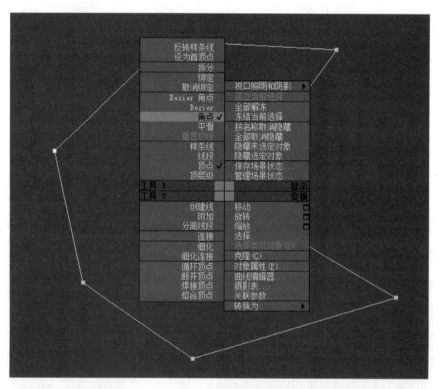

图4-11　线的顶点类型

注意：在修改命令堆栈Line子层级中，"顶点"可以对节点进行修改操作；"线段"可以对线段进行修改操作；"样条线"可以对整条线进行修改操作。这三者之间的关系如图4-12所示。

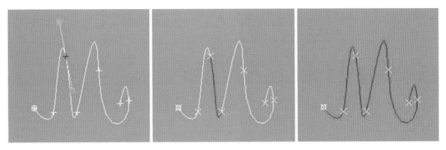

图 4-12　顶点、线段、样条线之间的关系

4.1.2　矩形的创建

使用"矩形"工具可创建出直角矩形和圆角矩形，配合 Ctrl 键可以创建出正方形，如图 4-13 所示。

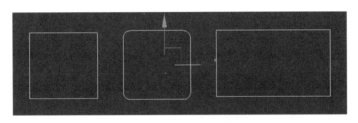

图 4-13　矩形的绘制

创建矩形样条线的方法非常简单，单击"创建"面板→"图形"→"矩形"按钮，在视图中直接拖动鼠标，即可创建出一个矩形；按下 Ctrl 键拖动鼠标，即可创建出一个正方形。

命令面板上的"参数"卷展栏中的参数可对矩形样条线的长度、宽度和角半径进行调整，如图 4-14 所示。

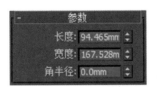

图 4-14　矩形参数

长度、宽度：设置矩形的长度和宽度值。

角半径：设置矩形的四角是直角还是带有弧度的圆角。

4.1.3　圆的创建

使用"圆"工具可以创建出由四个顶点组成的闭合圆形，如图 4-15 所示。

单击"创建"面板→"图形"→"圆"按钮，在视图中通过按下鼠标左键不松确定圆的圆心，然后向外拖动鼠标，定义圆的半径来创建圆。同时可使用"参数"卷展栏中唯一的"半径"参数对圆的大小进行修改，如图 4-16 所示。

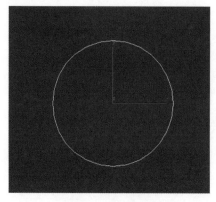

图 4-15　圆的绘制

图 4-16　圆的参数

4.1.4　椭圆与圆环的创建

1.　椭圆的创建

使用"椭圆"工具可以创建椭圆形和圆形样条线，如图 4-17 所示。

决定椭圆大小的参数有"长度"和"宽度"两个参数值，其"参数"卷展栏如图 4-18 所示。

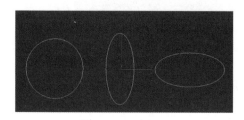

图 4-17　椭圆的绘制

图 4-18　椭圆参数

2.　圆环的创建

圆环图形由两个相同的圆组成，单击"圆环"按钮，在视图中按住鼠标并拖动指定圆环的半径 1，释放鼠标左键并移动鼠标确定圆环的半径 2，即可创建圆环图形，如图 4-19 所示。圆环的"参数"卷展栏中只有简单的半径 1 和半径 2 可设置，如图 4-20 所示。

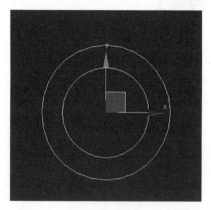

图 4-19　圆环

图 4-20　圆环参数

注意：二维图形中的圆环与标准基本体中的圆环不同，前者是平面图形，后者是有厚度的三维图形。

4.1.5 弧的创建

使用"弧"工具可以制作出圆弧、曲线和扇形，如图 4-21 所示。

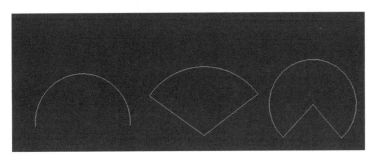

图 4-21　弧的绘制

"创建方法"卷展栏中有两种方法创建弧形曲线，分别为"端点 - 端点 - 中央"和"中间 - 端点 - 端点"，如图 4-22 所示。

图 4-22　"创建方法"卷展栏

端点 - 端点 - 中央：该创建方法是先拖动并松开鼠标引出一条直线，以直线的两个端点作为弧形的两端点，然后移动鼠标并单击以指定两端点之间的第三个点。图 4-23 为使用该创建方法所创建的圆弧。

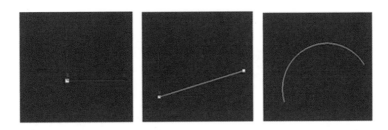

图 4-23　采用"端点 - 端点 - 中央"创建方法来创建弧形

中间 - 端点 - 端点：该创建方法先单击并拖动鼠标以指定弧形的中心点和弧形的一个端点，然后移动鼠标并单击以指定弧形的另一个端点。图 4-24 为使用该创建方法所创建的弧形。

在"参数"卷展栏中可对圆弧的半径大小以及圆弧起点和终点的角度进行设置，如图 4-25 所示。

半径：设置圆弧的半径大小。

图 4-24 采用"中间—端点—端点"创建方法来创建弧形

从、到：设置圆弧起点和终点的角度。

饼形切片：启用该选项，分别把弧中心和弧的两个端点连接起来构成封闭的圆形，如图 4-26 所示。

反转：启用此选项后，反转弧形样条线的方向，并将第一个顶点放置在打开弧形的相反末端。

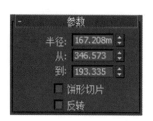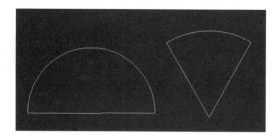

图 4-25　弧参数　　　　　　　　　　图 4-26　闭合的扇形区弧形

4.1.6　多边形与星形的创建

1. 多边形的创建

单击"多边形"按钮，在"参数"卷展栏中指定多边形的边数，如图 4-27 所示。在视图中单击并按住鼠标左键进行拖动即可创建多边形，如图 4-28 所示。

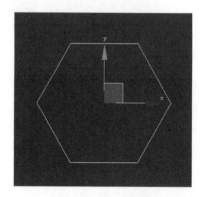

图 4-27　多边形参数　　　　　　　　图 4-28　创建多边形

半径：设置正多边形的半径。

内接：使输入的半径为多边形的中心到其边界的距离。

外接：使输入的半径为多边形的中心到其顶点的距离。

边数：用于设置正多边形的边数，其范围是 3 ～ 100.

角半径：用于设置多边形在顶点处的圆角半径。

圆形：选择该复选框，设置正多边形为圆形。

2. 星形的创建

单击"星形"按钮，然后在视图中单击并按住鼠标左键进行拖动确定星形的半径 1 和半径 2，从而创建星形，如图 4-29 所示。在星形的"参数"卷展栏可设置星形的具体参数，如图 4-30 所示。

图 4-29　创建星形

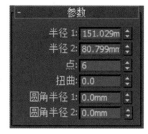

图 4-30　星形参数

半径 1：设置星形外部角点到中心的距离。

半径 2：设置星形内部角点到中心的距离。

点：设置星形的顶点数。

扭曲：用于设置扭曲值，使星形的齿产生扭曲。

圆角半径 1: 设置星形内顶点处的圆滑角的半径。

圆角半径 2: 设置星形外顶点处的圆滑角的半径。

4.1.7　文本的创建

单击"文本"按钮，可以通过输入文字来创建文本的轮廓线条，如图 4-31 所示。在"参数"卷展栏中，可以指定字体、样式、大小、字间距和行间距，如图 4-32 所示。当改变上述参数时，文本的二维图形会自动被更新。

宋体 ▼字体下拉列表框：用于设置文本的字体。

按钮：设置斜体字体。

按钮：设置下划线。

按钮：向左对齐。

■按钮：居中对齐。

■按钮：向右对齐。

■按钮：两端对齐。

大小：用于设置文字的大小。

字间距：用于设置文字之间的间隔距离。

行距：用于设置文字行与行之间的距离。

文本：用于输入文本内容，同时也可以进行改动。

图 4-31　创建文本

图 4-32　文本参数

4.1.8　螺旋线与截面的创建

1. 螺旋线的创建

单击"螺旋线"按钮，在视图中单击并按住鼠标左键不放拖动光标，视图中生成一个圆形，松开鼠标左键并移动光标，设置螺旋线的高度，单击鼠标并移动光标，调整螺旋线顶半径的大小，再次单击鼠标，螺旋线创建完成，如图 4-33 所示。

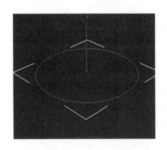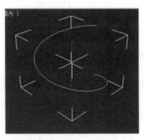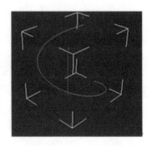

图 4-33　创建螺旋线

通过螺旋线的"参数"卷展栏可以设置螺旋线的参数，如图 4-34 所示。

半径 1：设置螺旋线底圆的半径。

半径 2：设置螺旋线顶圆的半径。

高度：设置螺旋线的高度。

圈数：设置螺旋线旋转的圈数。

偏移：设置在螺旋高度上，螺旋圈数的偏向强度，以表示螺旋线是靠近底圈还是靠近顶圈。

顺时针 / 逆时针：用于选择螺旋线旋转的方向。

图 4-34　螺旋线参数

2. 截面的创建

截面是一种特殊类型的样条线，其可以通过网格对象基于横截面切片生成图形。单击"截面"按钮，可以在视图中创建截面图形，如图 4-35 所示。通过"截面大小"卷展栏中的参数可以调整截面的大小，如图 4-36 所示。

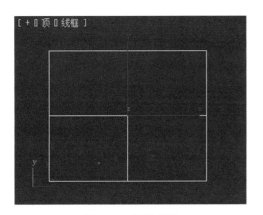

图 4-35　创建截面

图 4-36　截面参数

4.2　二维图形的特征

二维图形的"创建"面板上有两个选项，即"自动栅格"和"开始新图形"，其具体功能如下：

自动栅格：用于创建一个临时的栅格。在默认状态下，该复选框为取消选中状态，当选中它时，能在单击创建二维图形的同时，对齐到最近的曲面对象。

开始新图形：在默认状态下，该复选框是被选中的，能使在视图中每次创建二维图形都是新的图形，即每次创建的二维图形都是相互独立的；取消选择该复选框，可以使创建的多个二维图形组成一个对象。

大部分的二维图形创建面板中都包括"渲染"卷展栏和"插值"卷展栏，这两个卷展栏的作用十分重要，下面将具体介绍其中的含义和功能。

"渲染"卷展栏用于设置线的渲染特性。可以选择是否对线进行渲染,并设定线的厚度,如图 4-37 所示。

图 4-37　"渲染"卷展栏

在渲染中启用:勾选该选项才能渲染出样条线;若不勾选,将不能渲染出样条线。

在视口中启用:勾选该选项后,样条线会以网格的形式显示在视图中。

使用视口设置:该选项只有在开启"在视图中启用"选项时才可用,主要用于设置不同的渲染参数。

厚度:用于设置视图或渲染中线的直径大小,默认值为 1,范围为 0 ~ 100。

边:用于设置视图或渲染中线的侧边数。

角度:用于调整视图或渲染中线的横截面旋转的角度。

注意:在"渲染"卷展栏中设置了图形的厚度和边数,如果只勾选"在视口中启用"选项,修改后的厚度只对视图中的图形作用;如果只勾选"在渲染中启用"选项,修改的厚度只对渲染中的图形作用。

"插值"卷展栏用于控制线的光滑程度,如图 4-38 所示。

步数:手动设置每条样条线的步数。值越大,线段越平滑,如图 4-39 所示,左侧圆形步数为 2,右侧圆形步数为 6。

优化:启动该选项后,可以从样条线的直线线段中删除不需要的步数。

自适应:启动该选项后,系统会自适应设置每条样条线的步数,以生产平滑的曲线。

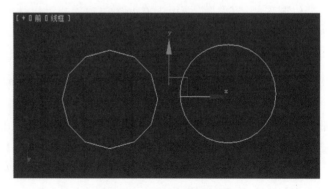

图 4-38　"插值"卷展栏　　　　　　　　　图 4-39　不同步数的区别

4.3 样条线的编辑

通过对二维图形进行样条线编辑，可以将简单的二维图形修改为各种形状的图形，以满足创建复杂模型的需要。

4.3.1 可编辑样条线命令

对二维图形进行编辑的方法是先将二维图形转换为可编辑样条线，然后再运用相应的修改器对其进行修改。有以下 3 种方法可以将选择的二维图形转换为可编辑样条线。

（1）在"堆栈器列表"右击，选择"可编辑样条线"命令，如图 4-40 所示。

图 4-40　选择菜单命令

（2）选择需要编辑的二维图形并右击，从弹出的菜单中选择"转换为"→"转换为可编辑样条线"命令，如图 4-41 所示。

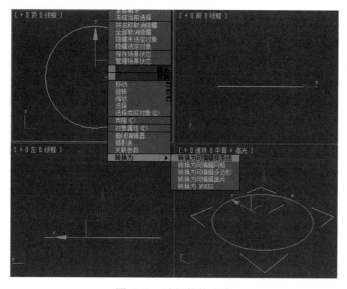

图 4-41　选择快捷命令

（3）在"修改器列表"下拉列表框中选择"编辑样条线"命令，如图 4-42 所示。

图 4-42　选择修改器

4.3.2　样条线的编辑

将二维图形转换成可编辑样条线以后，在堆栈器中可以对图形的子对象进行编辑，包括图形的"顶点""线段""样条线" 3 个子对象，如图 4-43 所示。在编辑这些子对象之前，需要先选择相应的子对象层级，才能对图形中对应的子对象进行操作，具体请参看本章线的节点调整。

在"编辑样条线"修改器中包括"渲染""插值""选择""软选择""几何体" 5 个参数卷展栏，如图 4-44 所示。

"选择"卷展栏主要用于控制顶点、线段和样条线 3 个子对象级别的选择，如图 4-45 所示。

图 4-43　编辑样条线

图 4-44　"编辑样条线"修改器

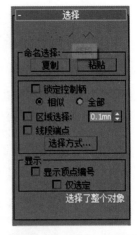

图 4-45　"选择"卷展栏

■顶点级：单击该按钮可进入顶点级子对象的修改操作，顶点是样条线子对象的最低一级，因此修改顶点是编辑样条线对象的最灵活方法。

线段级：单击该按钮可以进入线段级子对象的修改操作。线段是中间级别的样条线子对像，因此该操作使用较少。

样条线级：单击该按钮可以进入样条线子对象层次。样条线是样条子对象的最高级别，对它的修改比较多。

注意："选择"卷展栏中 3 个子层级的按钮与修改器堆栈中的选项是相对应的，在使用上有相同的效果。

"几何体"卷展栏提供了大量关于样条线的几何参数，在建模中对样条线的修改主要是对该面板的参数进行调节，如图 4-46 所示。

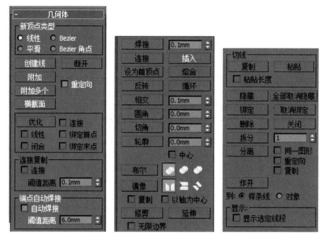

图 4-46　"几何体"卷展栏

创建线：用于创建一条线并把它加入到当前线中，使新创建的线与当前线成为一个整体。

附加：用于将场景中的二维图形与当前线结合，使它们变为一个整体。场景中存在两个以上的二维图形时才能结合使用。在"几何体"卷展栏中单击"附加"按钮，然后在视图中单击其他二维图形，即可将其附加在当前的图形上，如图 4-47 所示。

附加多个：原理与"附加"相同，区别在于单击该按钮后，将弹出"附加多个"对话框，对话框中会显示场景中二维图形名称，可以选择多个需要附加的对象，如图 4-48 所示。

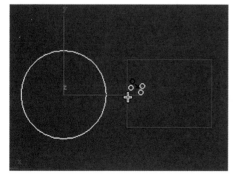

图 4-47　附加二维图形

图 4-48　"附加多个"对话框

1. 编辑顶点

将二维图形转换为可编辑样条线，在修改器堆栈中选择"顶点"子对象层级，右击场景中图形的节点，可修改节点的类型。除此外，在"几何体"卷展栏中还集中了顶点子对象很多的功能和命令，常用的命令有以下几项。

焊接：当两个被选择的节点在指定的焊接阀值距离以内时，单击"焊接"按钮可以把它们焊接为一个节点。例如，将场景中的星形转为可编辑样条线→在修改器堆栈中进入"顶点"子对象→选择需要焊接的两个节点→在"参数"面板中设置"焊接"数值→单击"焊接"按钮，选择的点即被焊接，如图 4-49 所示。

图 4-49　焊接节点

插入：用于在二维图形上插入节点。单击"插入"按钮，将光标移动到要插入节点的位置，光标尖为 ⊹₊ᵗᵍ 时，单击鼠标，节点即被插入，插入的节点会随光标移动，不断单击鼠标可以插入更多的节点，右击鼠标结束操作，如图 4-50 所示。

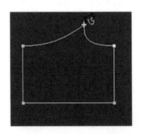

图 4-50　插入节点

连接：该按钮可以把两个节点连接到一条线段上。单击"连接"按钮，在一个节点处单击并拖动光标到另一个节点上，当光标变为 ✎ 时，松开鼠标，即完成连接操作，如图 4-51 所示。

圆角：用于在选择的节点创建圆角。单击"圆角"按钮，在视图中按住鼠标左键拖动指定的直角节点，释放鼠标即可完成圆角，如图 4-52 所示。也可以在"圆角"数值框中输入具体的圆角值。

切角：该按钮的操作方法与圆角相同，但创建的是切角，如图 4-53 所示。

删除：用于删除所选择的对象。

2. 编辑线段

将二维图形转为可编辑样条线后，在修改器堆栈中选择"线段"子对象层级，或从"选择"卷展栏中单击"线段"子对象，即可进入线段的编辑模式。在"几何体"卷展栏中，常用到的线段子对象功能有"优化""断开""拆分"。

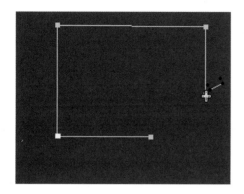

图 4-51　连接节点

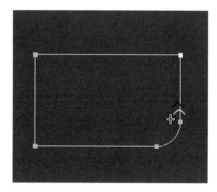

图 4-52　创建圆角

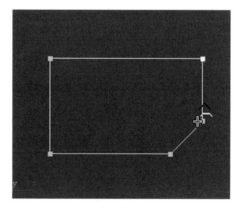

图 4-53　创建切角

优化：用于在不改变线段形态的前提下在线段上插入节点。单击"优化"按钮，在线段上单击鼠标，线段上被插入新的节点，如图 4-54 所示。

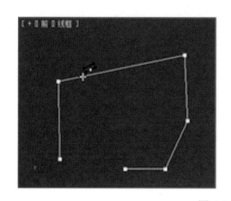
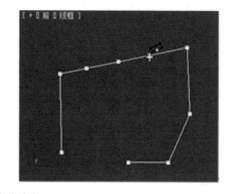

图 4-54　优化线段

断开：用于断开线段，把线段分开成两段。单击"断开"按钮，在需要断开的线段上单击，则该线段在相应的位置处断开，并成为两个分开的线段，在视图中右击或单击"断开"按钮退出断开操作。

拆分：用于平均分割线段。选择一条线段，在"拆分"数值框中设置拆分值，再单击"拆分"按钮，如图 4-55 所示。

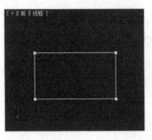

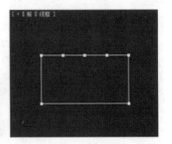

图 4-55　拆分线段

3. 编辑样条线

将二维图形转为可编辑样条线后，在修改器堆栈中选择"样条线"子对象层级，或从"选择"卷展栏中单击"样条线"子对象，即可进入样条线子对象层级中。常用的功能按钮包括"轮廓""布尔""镜像"等。

轮廓：用于创建出与选择的子对象形状相同的轮廓。在该选项右侧的数值输入框中可输入数值来指定轮廓的偏移量，如图 4-56 所示，也可以通过拖动鼠标来决定轮廓的偏移量，如图 4-57 所示。

图 4-56　设置轮廓参数　　　　　　图 4-57　创建轮廓

布尔：用于将两个二维图形按指定的方式合并到一起，有 3 种运算方式：并集 、差集 和相交 。

　 并集：合并两个二维图形的相交区域。

　 差集：删除两个二维图形的相交区域。

　 交集：只保留两个二维图形重叠的区域。

使用布尔操作的方法很简单：选择场景中的二维图形→右击→转换为可编辑样条线→单击"附加"，单击圆，如图 4-58 所示，将它们结合为一个二维图形；在修改器堆栈中进入"样条线"子对象→选择矩形→选择布尔运算的方式后单击"布尔"按钮→单击视图中的圆形，完成运算，如图 4-59 所示。

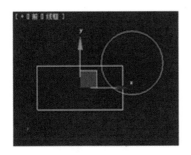 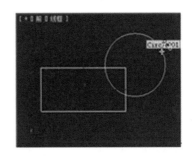

图 4-58 将二维图形"附加"

（a）并集 　　　　　　（b）差集 　　　　　　（c）相交

图 4-59 布尔运算

注意：进行布尔运算必须是同一个二维图形的子对象。如果是单独的二维图形，应先使用"附加"命令将其合为一个二维图形后，才能对其进行布尔运算。进行布尔运算的线必须是封闭的。

镜像：用于对所选择的二维图形进行镜像处理。系统提供了 3 种镜像方式：水平镜像▇、垂直镜像▇、双向镜像▇。

镜像命令下方有"复制"和"以轴为中心"两个复选框。

复制：可以将样条线曲线复制并镜像产生一个镜像复制对象。

以轴为中心：用于决定镜像的中心位置。若选中该复选框，将以样条线自身的轴心点为中心来镜像对象；未选中时，则以样条线的几何中心为中心来镜像对象。"镜像"命令的使用方法与"布尔"命令相同。

修剪：用于将交叉的样条线删除。

延伸：用于将开放样条线最接近拾取点的端点扩展到曲线的交叉点。一般在使用"修剪"命令后，使用此命令。

以上介绍了二维图的创建及编辑中常用的一些命令，参数设置比较多，要熟练掌握还需要实际操作。在下面的章节中，将会通过实例来帮助大家熟练地运用这些操作命令。

4.3.3 实例——晾衣架的制作

本实例主要使用二维图形中的线工具及样条线编辑制作一个晾衣架。其具体操作如下：

（1）单击"创建"面板→"图形"→"线"按钮，在前视图中绘制晾衣架顶端，如图 4-60 所示。单击"修改"面板进入"顶点"子层级，如图 4-61 所示。在前视图中选择需要调整圆滑度的顶点右击，在弹出的快捷菜单中选择 Bezier 顶点，调整顶点的位置与圆滑度，如图 4-62 所示。

图 4-60　绘制线

图 4-61　顶点子层级

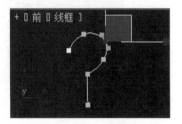

图 4-62　调整顶点

（2）单击"创建"面板→"图形"→"线"按钮，在前视图中绘制晾衣架主体造型，如图 4-63 所示。

（3）单击"创建"面板→"图形"→"弧"按钮，在前视图中绘制晾衣架细节造型，如图 4-64 所示。

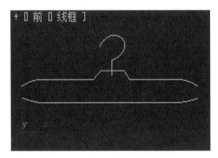

图 4-63　制作晾衣架主体

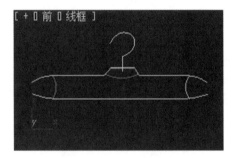

图 4-64　制作晾衣架细节

（4）在前视图中选择制作的晾衣架上任意一个二维图形，单击"修改"面板→单击"几何体"卷展栏上的"附加多个"工具，在弹出的"附加多个"对话框中选择所有的二维图形，单击"附加"按钮，将整个晾衣架的二维图形附加到一起。

（5）在前视图中选择制作的晾衣架，单击"修改"面板→进入"渲染"卷展栏，设置渲染参数，如图 4-65 所示。最终效果如图 4-66 所示。

图 4-65　设置渲染参数

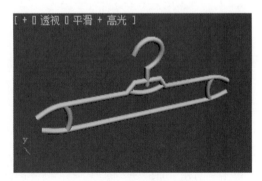

图 4-66　晾衣架最终效果

4.3.4 实例——吧台椅的制作

本实例主要使用基本体与二维图形综合制作一个吧台椅模型。通过扩展基本体中的切角圆柱体制作吧台椅的坐垫；通过二维图形中的线、螺旋线，基本几何体中的圆环、圆柱体制作吧台椅的底部。其具体操作如下：

（1）单击"创建"面板→"几何体"→"标准基本体"→"圆环"按钮，在顶视图中创建一个圆环，参数设置如图4-67所示，效果如图4-68所示。

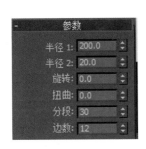

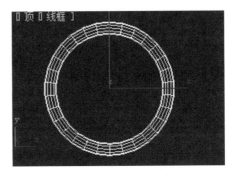

图4-67　圆环参数　　　　　　　　　　图4-68　圆环效果

（2）单击"创建"面板→"几何体"→"标准基本体"→"圆柱体"按钮，在顶视图中创建一个圆柱体，参数如图4-69所示。在顶视图选择圆柱体，单击工具栏中"对齐"工具，拾取圆环，将圆柱体与圆环X、Y轴中心对齐；在前视图选择圆柱体，单击工具栏中"对齐"工具，拾取圆环，将圆柱体与圆环Y轴最小值中心对齐。最终效果如图4-70所示。

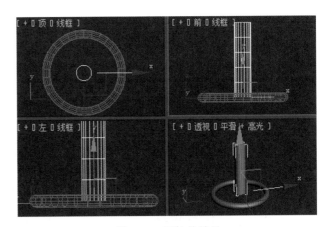

图4-69　圆柱体参数　　　　　　　　　图4-70　圆柱体效果

（3）单击"创建"面板→"图形"→"线"按钮，在前视图中绘制线条，如图4-71所示。单击"修改"面板→进入"顶点"子层级→选择顶点，单击"几何体"卷展栏中的"圆角"按钮，在前视图调整顶点圆角，效果如图4-72所示。在顶视图选择该线条，单击"对齐"工具，拾取圆柱体，将Y轴中心对齐，如图4-73所示。选择线条，单击"修改"面板→进入"渲染"卷展栏，渲染参数如图4-74所示。

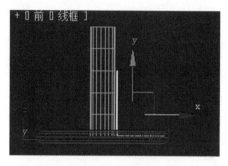

图 4-71　创建线

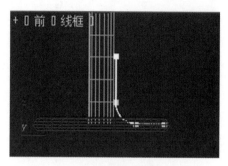

图 4-72　调整顶点圆角

图 4-73　Y 中心对齐

图 4-74　渲染参数

（4）在顶视图中，单击"层次"面板→"轴"→"仅影响轴"按钮，如图 4-75 所示。单击捕捉工具，启动三维捕捉，然后右击捕捉工具，勾选"轴心"捕捉，如图 4-76 所示。在顶视图将线条的轴心捕捉到圆柱体的轴心位置，如图 4-77 所示，再将"仅影响轴"按钮关闭。

（5）右击"角度"捕捉，设置捕捉角度，如图 4-78 所示。单击"旋转"工具，按"实例"旋转并复制 4 个线条，如图 4-79 所示，效果如图 4-80 所示。

图 4-75　"仅影响轴"按钮

图 4-76　开启"轴心"捕捉

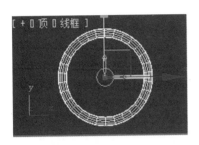

图 4-77 调整线条的轴心

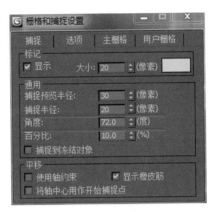

图 4-78 设置角度捕捉

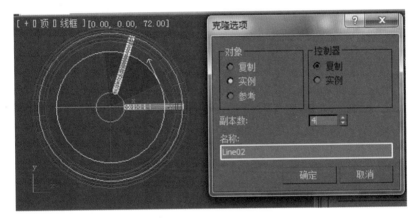

图 4-79 旋转复制线条

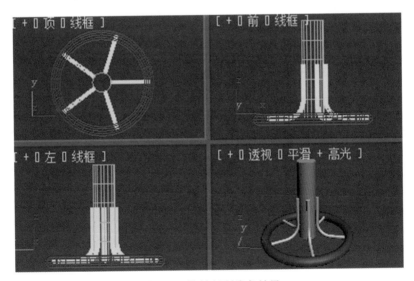

图 4-80 旋转复制线条效果

（6）单击"创建"面板→"几何体"→"标准基本体"→"圆柱体"按钮，在顶视图中创建一个圆柱体，参数如图 4-81 所示。在顶视图选择该圆柱体，单击工具栏中"对齐"

工具，拾取步骤（2）中创建的圆柱体，将两个圆柱体 X、Y 轴中心对齐；在前视图选择步骤（6）制作的圆柱体，单击工具栏中"对齐"工具，拾取步骤（2）中的圆柱体，将步骤（6）中圆柱体与步骤（2）中的圆柱体 Y 轴最小值对齐最大值，最终效果如图 4-82 所示。

图 4-81　圆柱体参数

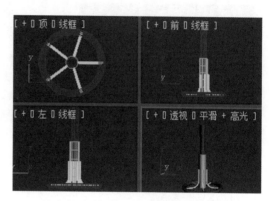

图 4-82　对齐圆柱体

（7）单击"创建"面板→"图形"→"螺旋线"按钮，在前视图中创建螺旋线，参数如图 4-83 所示。在顶视图选择该螺旋线，单击"对齐"工具，拾取圆环，将 X、Y 轴中心对齐；在前视图将螺旋线调整到两个圆柱体连接处，如图 4-84 所示。选择螺旋线，单击"修改"命令面板→进入"渲染"卷展栏，渲染参数如图 4-85 所示，效果如图 4-86 所示。

图 4-83　螺旋线参数

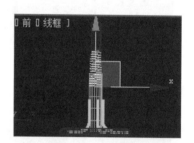

图 4-84　螺旋线位置

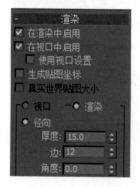

图 4-85　渲染设置

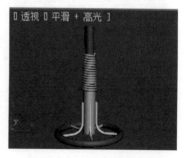

图 4-86　螺旋线效果

（8）单击"创建"面板→"几何体"→"扩展基本体"→"切角圆柱体"按钮，在顶视图中创建一个切角圆柱体，参数如图 4-87 所示。在顶视图选择该切角圆柱体，单击工具栏中"对齐"工具，拾取圆环，将 X、Y 轴中心对齐；在前视图选择切角圆柱体，将其调整到合适位置，如图 4-88 所示。至此，该模型创建完成。

图 4-87　切角圆柱体参数

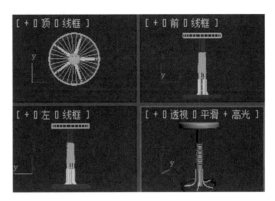

图 4-88　切角圆柱体效果

4.4　拓展实例

4.4.1　时钟的制作

本实例主要是通过标准基本体、扩展基本体、二维图形综合完成时钟模型的制作。其具体操作如下：

1. 时钟表盘的制作

（1）单击"创建"面板→"几何体"→"扩展基本体"→"切角圆柱体"按钮，在前视图中创建一个切角圆柱体，参数设置如图 4-89 所示，效果如图 4-90 所示。

图 4-89　切角圆柱体参数

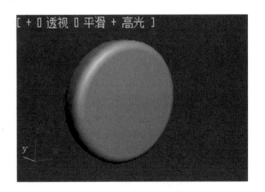

图 4-90　创建切角圆柱体

（2）单击"创建"面板→"几何体"→"标准基本体"→"圆柱体"按钮，在前视图中创建一个圆柱体，参数设置如图 4-91 所示。在前视图选择该圆柱体，单击工具栏中"对齐"工具，拾取切角圆柱体，将 X、Y 轴中心对齐；在左视图沿 X 轴将圆柱体调整到切角圆柱体表面，效果如图 4-92 所示。

图 4-91　圆柱体参数

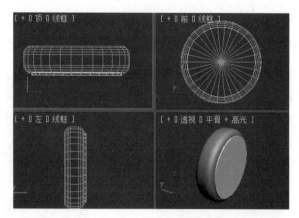

图 4-92　圆柱体效果

（3）单击"创建"面板→"图形"→"文本"按钮，在"参数"卷展栏文本框中输入文本，设置大小，如图 4-93 所示。在前视图单击创建文本，如图 4-94 所示，单击"渲染"卷展栏，设置渲染参数，如图 4-95 所示。在前视图选择该文本，单击"对齐"工具，拾取圆柱体，将 X 轴中心对齐；在左视图选择该文本，单击"对齐"工具，拾取圆柱体，将 X 轴中心对齐最大值，将文本放在圆柱体表面，如图 4-96 所示。

图 4-93　设置文本内容与大小

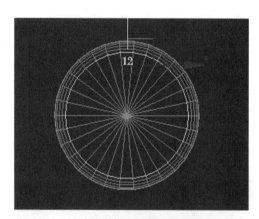

图 4-94　创建文本

图 4-95　渲染参数设置

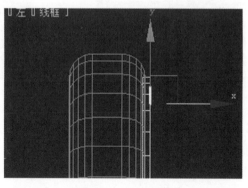

图 4-96　文本位置

（4）单击"层次"面板→"轴"→"仅影响轴"按钮，如图 4-97 所示。单击捕捉工具，启动三维捕捉，右击捕捉工具，勾选"轴心"捕捉。在前视图中将文本的轴心捕捉到圆柱体的轴心位置，如图 4-98 所示。再将"仅影响轴"按钮关闭。

图 4-97 "仅影响轴"按钮

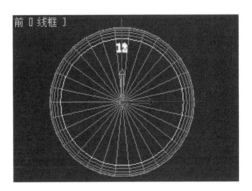

图 4-98 调整文本的轴心

（5）右击"角度捕捉"工具，设置捕捉角度，如图 4-99 所示。单击"旋转"工具，在前视图选择文本，旋转并复制 11 个文本，如图 4-100 所示。在前视图依次选择文本，单击"修改"面板，在"参数"卷展栏中的文本输入框中依次修改文本，最终效果如图 4-101 所示。

图 4-99 设置捕捉角度

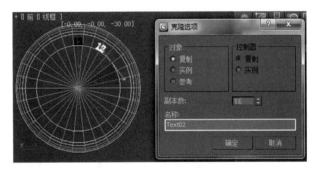

图 4-100 旋转复制线条

图 4-101 修改文本内容

（6）单击"创建"面板→"图形"→"圆"按钮，在前视图中创建圆，在"参数"卷展栏设置半径为 50；单击"渲染"卷展栏，设置渲染参数如图 4-102 所示，效果如图 4-103 所示。

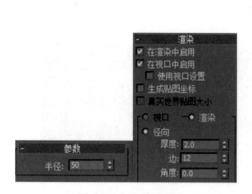

图 4-102　参数设置

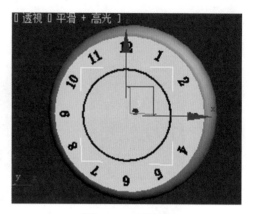

图 4-103　创建圆

（7）单击"创建"面板→"几何体"→"标准基本体"→"圆柱体"按钮，在前视图中创建一个圆柱体，参数设置如图 4-104 所示。选择该圆柱体，单击"对齐"工具，拾取切角圆柱体，X、Y 轴中心对齐，在左视图中将该圆柱体沿 X 轴移动到合适位置，效果如图 4-105 所示。

图 4-104　圆柱体参数

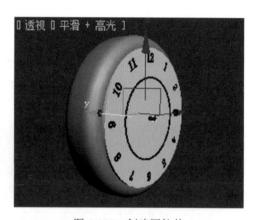

图 4-105　创建圆柱体

（8）单击"创建"面板→"几何体"→"标准基本体"→"长方体"按钮，在前视图中创建一个长方体，参数设置如图 4-106 所示。分别在前、左视图将该长方体移动到合适位置，效果如图 4-107 所示。

（9）单击"创建"面板→"几何体"→"标准基本体"→"长方体"按钮，在前视图中创建一个长方体，参数设置如图 4-108 所示。分别在前、左视图将该长方体移动到合适位置，效果如图 4-109 所示。至此，时钟表盘制作完成。

图 4-106　长方体参数

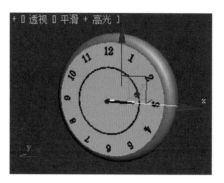

图 4-107　创建长方体

图 4-108　长方体参数

图 4-109　创建长方体

2．钟摆与底座的制作

（1）单击"创建"面板→"几何体"→"标准基本体"→"圆柱体"按钮，在顶视图中创建一个圆柱体，参数设置如图 4-110 所示。在顶视图选择该圆柱体，单击"对齐"工具，拾取表盘上的切角圆柱体，将 X、Y 轴中心对齐，在前视图将该圆柱体调整到切角圆柱体底端，效果如图 4-111 所示。

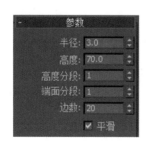

图 4-110　圆柱体参数

图 4-111　钟摆圆柱体效果

（2）单击"创建"面板→"几何体"→"标准基本体"→"球体"按钮，在顶视图中创建一个球体，参数设置如图 4-112 所示。在顶视图选择该球体，单击"对齐"工具，拾取步骤（1）中的圆柱体，将 X、Y 轴中心对齐，在前视图将该球体调整到圆柱体底端，效果如图 4-113 所示。

图 4-112　球体参数

图 4-113　球体效果

（3）单击"创建"面板→"图形"→"线"按钮，在前视图中创建线，如图 4-114 所示。单击"修改"面板→进入"顶点"子层级→在"几何体"卷展栏单击"圆角"按钮，在前视图调整顶点圆角度，效果如图 4-115 所示。在"渲染"卷展栏设置渲染参数，如图 4-116 所示。在顶视图选择该线条，单击"对齐"工具，拾取时钟表盘上的切角圆柱体，将 X、Y 轴中心对齐，效果如图 4-117 所示。

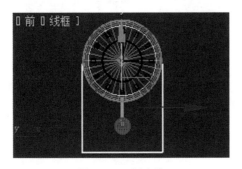

图 4-114　创建线

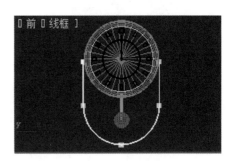

图 4-115　调整顶点圆角

图 4-116　线条渲染设置

图 4-117　线条效果

（4）单击"创建"面板→"几何体"→"扩展基本体"→"切角长方体"按钮，在顶视图中创建一个切角长方体，参数如图 4-118 所示。使用"对齐"工具在顶视图中将切角长方体与时钟表盘上的切角圆柱体 X、Y 轴中心对齐，在前视图将该切角长方体调整到合适的位置，操作完成后效果如图 4-119 所示。至此，时钟制作完成。

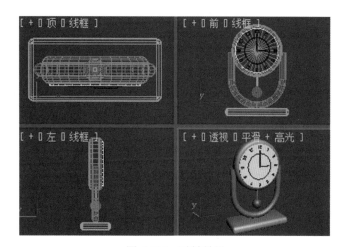

图 4-118 切角长方体参数 　　　　图 4-119 时钟效果

4.4.2 置物架的制作

本实例主要是使用二维图形中的线工具绘制置物架，设置线段的渲染模式。通过修改器堆栈中的子对象调整样条线节点的位置，改变节点造型。其具体操作如下：

1. 制作置物架的整体框架

（1）单击"创建"面板→"图形"→"矩形"按钮，在顶视图中绘制一个矩形，长宽参数如图 4-120 所示，在"渲染"卷展栏中设置渲染可见及线段厚度，如图 4-121 所示。

图 4-120 矩形参数 　　　　图 4-121 设置渲染参数

（2）单击"图形"→"线"按钮，在左视图中使用"线"工具绘制支架，如图 4-122 所示。在修改器堆栈中进入线的"顶点"子层级，选择支架上端顶点，在"几何体"卷展栏中设置圆角数值为 80，效果如图 4-123 所示。

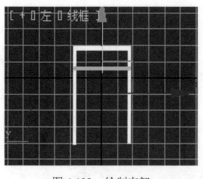

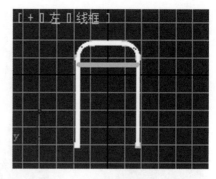

图 4-122　绘制支架　　　　　　　图 4-123　制作顶端圆角效果

（3）选择制作好的支架，在前视图中将其复制到另一端，效果如图 4-124 所示。

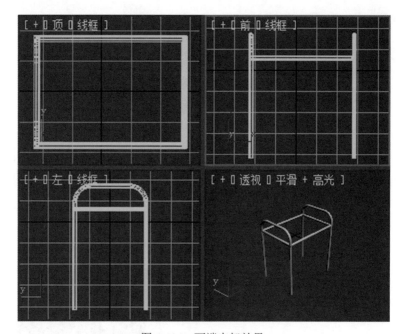

图 4-124　两端支架效果

（4）单击"图形"→"线"按钮，在前视图中绘制与支架间距等同的直线，调整直线的"渲染"卷展栏中的厚度为 10，将绘制好的直线复制一份放到另一侧，如图 4-125 所示。

2. 制作置物筐

（1）单击"图形"→"线"按钮，在左视图中绘制如图 4-126 所示的直线，在"渲染"卷展栏中将其厚度设置为 5；在修改器堆栈中进入"顶点"子层级，选择直线下端两节点，在"几何体"卷展栏中调整其圆角值，效果如图 4-127 所示。

（2）选择绘制好的线段，在前视图中复制 5 份，如图 4-128 所示。选择这一组线段，右击工具栏中的"角度捕捉"按钮，将捕捉角度设置为 90 度；使用"旋转"工具，按住 Shift 键在顶视图中将其复制并旋转 90 度，效果如图 4-129 所示。

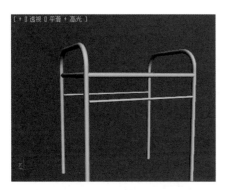

图 4-125 两端支架效果

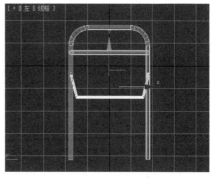

图 4-126 绘制直线

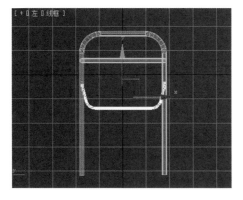

图 4-127 调整节点圆角值

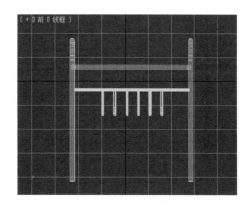

图 4-128 复制对象

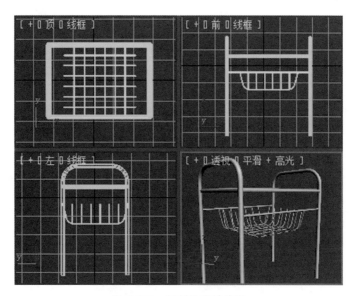

图 4-129 复制并旋转线段

（3）单击"图形"→"线"按钮，在顶视图中置物筐左侧绘制直线，并复制一份到右侧，效果如图 4-130 所示。在前视图中选择整个置物筐，将其往下复制一份，如图 4-131 所示。

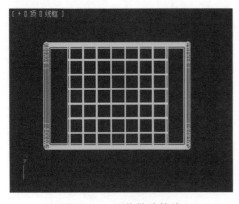

图 4-130　置物筐连接线

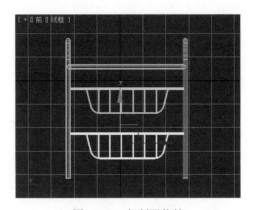

图 4-131　复制置物筐

3. 细节的完善

（1）单击"创建"面板→"几何体"→"标准基本体"→"长方体"按钮，在顶视图中创建一个长方体，放置到顶部矩形内部作为顶部隔板，如图 4-132 所示。

（2）单击"创建"面板→"几何体"→"标准基本体"→"圆环"按钮，在前视图中置物架底端绘制圆环，参数如图 4-133 所示，效果如图 4-134 所示。选择"缩放"工具，在左视图中将圆环沿 X 轴进行缩放，将其厚度调整与置物架底端一致，效果 4-135 所示。

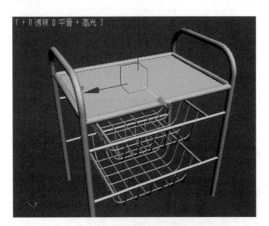

图 4-132　制作顶部隔板

图 4-133　圆环参数

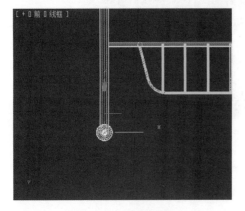

图 4-134　绘制圆环

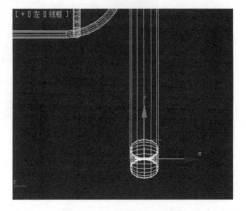

图 4-135　调整圆环厚度

（3）将完成后的圆环复制到置物架底端的另外 3 侧，置物架底部滑轮制作完成。至此，整个置物架制作完成，最终效果如图 4-136 所示。

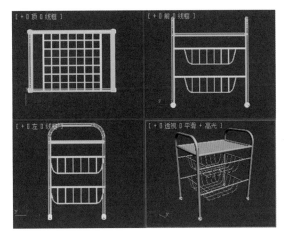

图 4-136　置物架最终效果

4.4.3　藤椅的制作

本实例主要是使用二维图形中线、多边形、螺旋线制作藤椅。其具体操作如下：

1. 藤椅框架的制作

（1）单击"创建"面板→"图形"→"线"按钮，在左视图中绘制一线条，如图 4-137 所示。单击"修改"面板→进入"顶点"子层级，在"几何体"卷展栏中单击"圆角"按钮，调整顶点的圆角，效果如图 4-138 所示，在"渲染"卷展栏设置渲染参数，如图 4-139 所示；在前视图将该线条沿 X 轴移动复制 1 个，作为藤椅的扶手，如图 4-140 所示。

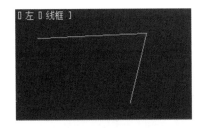

图 4-137　绘制扶手线段

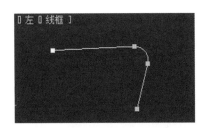

图 4-138　调整顶点圆角

图 4-139　渲染设置

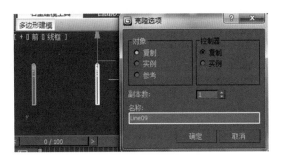

图 4-140　复制线条

（2）单击"创建"面板→"图形"→"多边形"按钮，在前视图中创建一个多边形，参数设置如图 4-141 所示，效果如图 4-142 所示。单击"缩放"工具，在前视图沿 Y 轴缩放多边形，如图 4-143 所示；在"渲染"卷展栏设置渲染参数，如图 4-139 所示；在左视图将多边形沿 X 轴移动到扶手尾端，效果如图 4-144 所示。

图 4-141　多边形参数

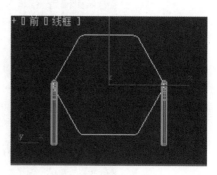

图 4-142　创建多边形

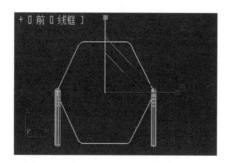

图 4-143　缩放多边形

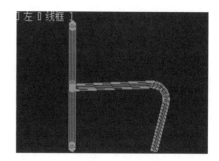

图 4-144　调整多边形

（3）右击"角度捕捉"工具，设置捕捉角度，如图 4-145 所示。单击启动"角度捕捉"，在左视图选择多边形，单击"旋转"工具，旋转 90 度并复制 1 个；在左视图使用"移动"工具将复制后的对象调整到合适的位置，效果如图 4-146 所示。

图 4-145　设置捕捉角度

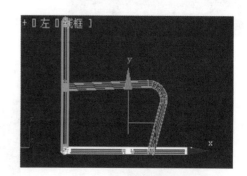

图 4-146　复制后的多边形

（4）选择扶手线条→进入"顶点"子层级，在前视图、透视图中调整扶手两端顶点位置，使其分别连接到两个多边形，效果如图 4-147 所示。

（5）单击"创建"面板→"图形"→"线"按钮,在左视图中创建一线条,作为藤椅脚,如图 4-148 所示。在"渲染"卷展栏中设置渲染参数,如图 4-139 所示。单击"修改"面板→进入"顶点"子层级,在前视图、透视图分别调整顶点位置,使该线条两端顶点与坐垫多边形相连,如图 4-149 所示。在"几何体"卷展栏下单击"圆角",在左视图调整线段圆角效果,如图 4-150 所示。在前视图选择该线段,使用"旋转"工具旋转合适的角度,效果如图 4-151 所示。

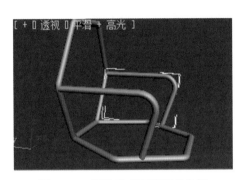

图 4-147　调整扶手两端顶点位置

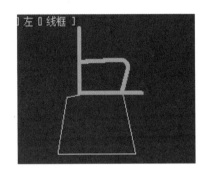

图 4-148　创建线段

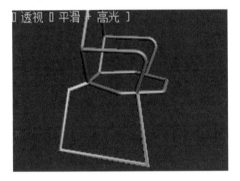

图 4-149　调整线段顶点位置

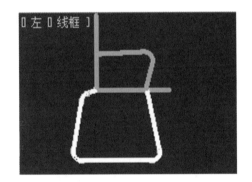

图 4-150　调整线段顶点圆角效果

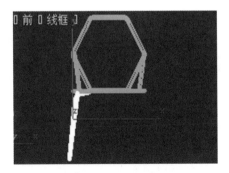

图 4-151　旋转线段

（6）在前视图选择制作的藤椅脚线段,单击"镜像"工具,沿 X 轴按"实例"镜像复制一个藤椅脚,使用"移动"工具沿 X 轴移动到藤椅一侧,效果如图 4-152 所示。至此,藤椅框架制作完成。

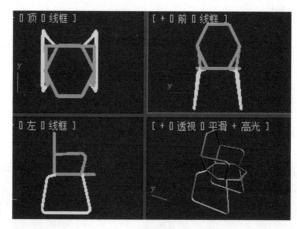

图 4-152　复制藤椅脚

2. 藤椅细节的制作

（1）单击"创建"面板→"图形"→"螺旋线"按钮，在左视图中沿藤椅靠背的多边形边缘创建一个螺旋线，参数设置如图 4-153 所示。在"渲染"卷展栏设置渲染参数，如图 4-154 所示。在各个视图中调整螺旋线位置，使其包裹住靠背多边形上边缘，效果如图 4-155 所示。

图 4-153　螺旋线参数

图 4-154　渲染参数

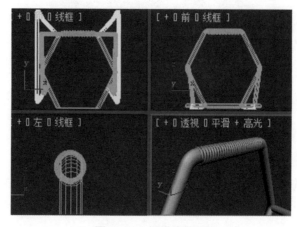

图 4-155　螺旋线效果

（2）将步骤（1）中的螺旋线复制1份到靠背多边形底部，再使用"旋转"工具将螺旋线旋转复制后，移动到多边形的其余4边上，效果如图4-156所示。

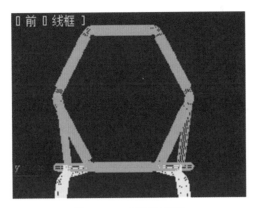

图 4-156　复制螺旋线

（3）单击"创建"面板→"图形"→"线"按钮，在前视图中沿多边形对边创建一个线段，并在顶视图调整其位置，在前视图使用"移动"工具复制11个，效果如图4-157所示。使用同样的方法制作靠背线条，最终效果如图4-158所示。

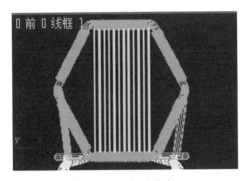

图 4-157　创建线条

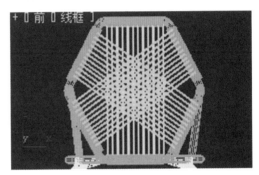

图 4-158　制作靠背线条

（4）选择靠背上的所有二维图形，执行"组"菜单→"成组"命令，组名为靠背，使用"旋转"工具，在左视图将其旋转合适的角度，效果如图4-159所示。

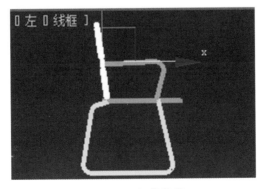

图 4-159　调整靠背

131

（5）参考步骤（1）～（3），制作藤椅其余部分的螺旋线及线段，最终效果如图 4-160 所示。

图 4-160　藤椅最终效果

本章小结

本章主要介绍了二维图形的类型、二维图形的编辑以及二维图形子层级（顶点、线段、样条线）的编辑方法。通过编辑二维图形的顶点、线段、样条线创建所需的二维图形，同时，可以通过设置二维图形的渲染参数渲染三维效果。

第三篇　高级建模篇

第5章
常用的修改器命令

【本章要点】
- "修改"面板的结构
- 通过修改器命令将二维图形转为三维模型
- 三维模型的修改器命令

5.1 "修改"面板的结构

编辑修改对象是通过"修改"面板中修改器列表的相关命令来完成的。使用修改器命令能够将二维图形转换为三维图形，也可以对三维模型进行直接编辑，从而创建出各种复杂形体的模型。

1. 修改器列表

修改器列表用于为选中的对象添加修改命令，单击其右侧按钮 ▼ 可以从打开的下拉列表中添加所需要的命令。当一个物体添加多个修改命令时，集合为修改器堆栈。

2. 修改器堆栈

对任何一个二维图形或三维模型都可以使用修改器进行再次加工。创建几何体后，进入"修改"面板，面板中显示的是几何体的参数，当对几何体进行修改命令编辑后，修改器堆栈中就会显示修改命令参数，修改器像是堆积木一样加到二维图形或三维模型上，在形状、参数上进行修改，使其符合设计者的要求。修改器堆栈最底端是原始模型的名称，随着修改命令的不断增加，由下向上依次堆加，并以一条灰线进行分割，如图5-1所示。用户可进入任何一个修改命令对参数进行修改，不会影响原物体。在对不满意的修改命令进行删除时，对模型的修改也就同时删除了。

3. 修改器堆栈按钮

修改器堆栈按钮主要用于控制添加修改命令后，效果的显示与否。各个按钮作用如下：

🔌 修改命令开关：用于开启和关闭修改命令。单击后变为图标 🔌，表示该命令被关闭，被关闭的命令不再对物体产生影响，再次单击此图标，命令会重新开启。

🔒 锁定堆栈：保持选择对象修改器的激活状态，即在变换选择的对象时，"修改器"面板显示的还是原来对象的修改器。此按钮主要用于协调修改器的效果与其他对象的相对位置。保持默认状态即可。

▮ 显示最终效果：默认为开启状态，保持选中的物体在视图中显示堆栈内所有修改命令后的效果。方便查看某命令的添加对当前物体的影响。

使唯一：断开选定对象的实例或参考的链接关系，使修改器的修改只应用于该对象，而不影响与它有实例或参考关系的对象。若选择的物体本身就是一个独立的个体，则该按钮处于不可用的状态。

从堆栈中移除修改器：用于删除命令，在修改命令堆栈中选择修改命令后单击该按钮，即可删除修改命令，修改命令对几何体进行过的编辑也会被撤销。

配置修改器集：用于对修改命令的布局重新进行设置，可以将常用的命令以列表或按钮的形式表现出来。

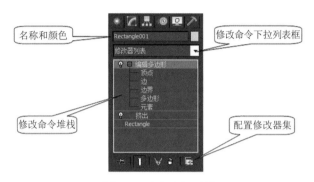

图 5-1 "修改"面板

4. 配置修改器面板

在日常使用过程中，可以在"修改"选项中，将常用的编辑命令显示为按钮形式，使用时直接单击按钮比从修改器列表中选择命令方便很多。

单击"修改"面板→"配置修改器集"按钮，在弹出的快捷菜单中勾选"显示按钮"，如图 5-2 所示；再单击"配置修改器集"按钮，在弹出的快捷菜单中选择"配置修改器集"命令，然后在弹出的"配置修改器集"对话框中，从左侧列表中选择编辑命令，单击并拖动到右侧空白按钮中，如图 5-3 所示。若拖动到已有名称的按钮，则会覆盖编辑命令，通过"按钮总数"输入框可以调整显示命令按钮的个数。

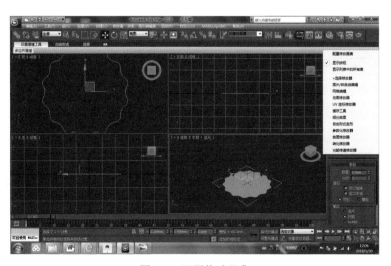

图 5-2 配置修改器集

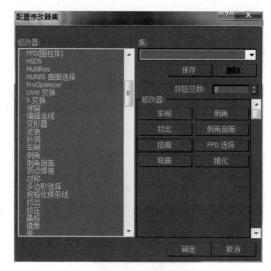

图 5-3　配置命令

5. 塌陷修改命令

塌陷修改命令就是在不改变编辑命令结果的基础上删除修改器，使系统不必每次操作都要运行一次修改器的修改，以节省内存。编辑命令塌陷完成后，不能返回修改器堆栈的命令，再次更改参数。

塌陷修改命令分为"塌陷到"和"塌陷全部"两种方式，"塌陷到"只塌陷当前选择的编辑命令，"塌陷全部"将应用于当前对象的所有编辑命令。

5.2　"挤出"修改器

上一章介绍了二维图形的创建，通过对二维图形基本参数的修改，可以创建出各种形状的图形，使用修改器列表中的命令可以把二维图形转化为立体的三维图形并应用到建模中。在修改器列表中，有一些命令只能用于二维图形，例如"挤出""车削""倒角""倒角剖面"这些常用的二维图形修改命令。

5.2.1　"挤出"修改器基础操作

"挤出"修改器命令能够为二维图形增加厚度，将二维图形拉伸为具有一定厚度的三维实体模型。选择需要拉伸的二维图形对象后，在修改器下拉列表中选择"挤出"命令，如图 5-4 所示，即可将其拉伸为三维实体模型，如图 5-5 所示。

对二维图形使用"挤出"命令后，可以在"参数"卷展栏中通过设置挤出的"数量"值，如图 5-6 所示，从而修改拉伸的厚度，如图 5-7 所示。

下面对"挤出"参数卷展栏中各项参数的含义进行介绍。

数量：设置二维图形挤出的高度。

分段：设置挤出物体高度上的分段数。如果要对挤出的物体变形，则应根据变形的需要适当将分段数值增大。

图 5-4 选择"挤出"命令

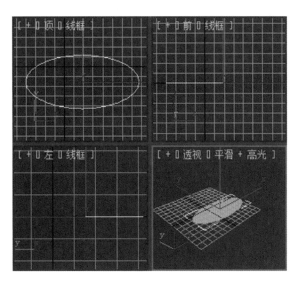

图 5-5 挤出二维图形

图 5-6 设置挤出参数

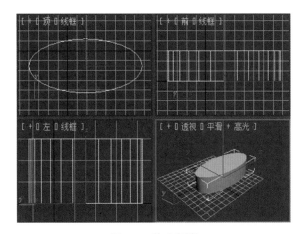

图 5-7 修改厚度

"封口"选项组中的参数可用来封闭挤出物体。

封口始端：在顶端加面封盖物体。

封口末端：在底端加面封盖物体。

变形：用于变形动画的制作，保证点面数恒定不变。

栅格：对边界线进行重新排列处理，以最精简的点面数来获取优秀的造型。

"输出"选项组用来指定挤出生成物体的类型，包括面片、网格、NURBS。

面片：将挤出对象输出为面片类型的物体。

网格：将挤出对象输出为网格类型的物体。

NURBS：将挤出对象输出为 NURBS 模型。

生成材质 ID：将不同的材质 ID 指定给挤出对象侧面与封口。

使用图形 ID：启用该复选框时，挤出对象的材质由挤出曲线的 ID 值决定。

平滑：用来平滑挤出生成物体的表面。

5.2.2　实例——花朵吊灯的制作

本实例主要使用二维图形、挤出工具制作一个花朵吊灯模型。其具体操作如下：

（1）单击"创建"面板→"图形"→"星形"按钮，在顶视图中创建一个星形，参数设置如图 5-8 所示，在"渲染"卷展栏中设置渲染参数，如图 5-9 所示。

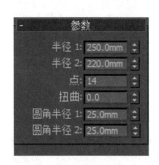

图 5-8　星形参数

图 5-9　渲染参数

（2）在前视图中选择创建中的星形，使用"移动"工具沿 Y 轴向上移动复制 2 个，效果如图 5-10 所示。

（3）在前视图选择中间的星形→单击"修改"面板→进入"渲染"卷展栏，修改渲染参数，如图 5-11 所示，使中间的星形在高度上连接到两侧的星形，效果如图 5-12 所示。

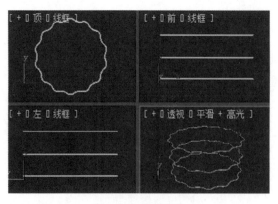

图 5-10　复制星形

图 5-11　渲染参数

（4）在前视图选择最上方的星形，使用"移动"工具沿 Y 轴向上移动复制 1 个，如图 5-13 所示。选择复制的星形，在"修改"面板上适当修改星形的半径大小，在"渲染"卷展栏中取消渲染设置，在修改器列表中添加"挤出"命令，设置挤出参数如图 5-14 所示。使用"对齐"工具将该三维模型对齐上方星形，效果如图 5-15 所示。

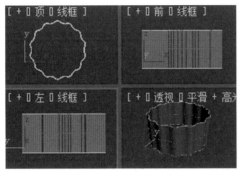

图 5-12　调整星形渲染参数效果

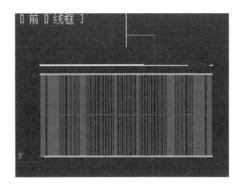

图 5-13　复制星形

图 5-14　挤出设置

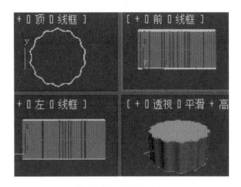

图 5-15　对齐效果

（5）单击"创建"面板→"几何体"→"标准基本体"→"圆柱体"按钮，在顶视图中创建一个圆柱体，参数设置如图 5-16 所示。使用"对齐"工具，在顶视图将圆柱体与任意一个星形 X、Y 轴中心对齐，在前视图将圆柱体与上方星形 Y 轴最大值对齐，效果如图 5-17 所示。至此，花朵吊灯制作完成。

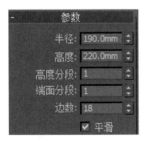

图 5-16　圆柱体参数

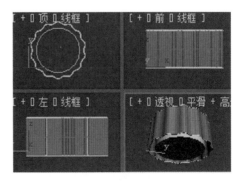

图 5-17　花朵吊灯效果

5.2.3 实例——艺术书架的制作

本实例主要使用二维图形、挤出工具制作一个艺术书架的模型。其具体操作如下：

（1）单击"创建"面板→"图形"→"线"按钮，在前视图中创建一个线段，如图 5-18 所示。在"修改"面板进入"顶点"子层级，选择顶点，单击"几何体"卷展栏中的"圆角"按钮，调整顶点的圆角，效果如图 5-19 所示。

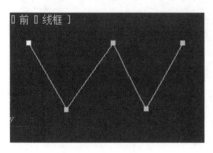

图 5-18　创建线段

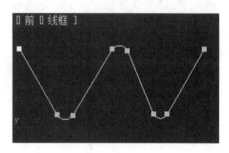

图 5-19　调整顶点圆角

（2）在"修改"面板进入"样条线"子层级，选择样条线，单击"几何体"卷展栏中的"轮廓"按钮，在前视图中创建样线条的轮廓，效果如图 5-20 所示。添加"挤出"命令，将线条挤出适当的厚度，效果如图 5-21 所示。

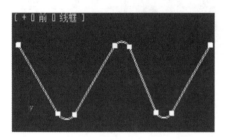

图 5-20　创建样条线轮廓

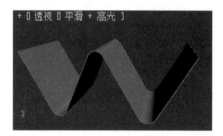

图 5-21　挤出线段

（3）单击"创建"面板→"图形"→"线"按钮，在顶视图中创建一个线段，如图 5-22 所示。在"修改"面板进入"顶点"子层级，选择顶点→单击"几何体"卷展栏中的"圆角"按钮，调整顶点的圆角，效果如图 5-23 所示。进入"样条线"子层级，选择样条线，单击"几何体"卷展栏中的"轮廓"按钮，在顶视图中创建线条的轮廓，效果如图 5-24 所示。添加"挤出"命令，将线条挤出适当的厚度，效果如图 5-25 所示。至此，书籍外壳制作完成。

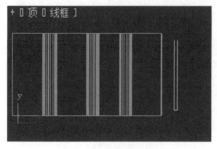

图 5-22　创建线段

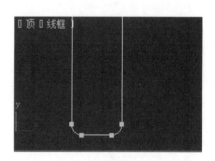

图 5-23　调整顶点圆角

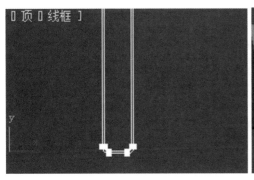

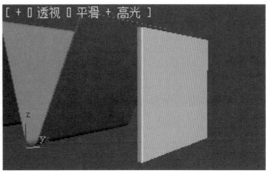

图 5-24　设置样条线轮廓　　　　　　图 5-25　书籍外壳效果

（4）单击"创建"面板→"几何体"→"扩展基本体"→"切角长方体"按钮，在顶视图中创建一个切角长方体，作为书籍内页，效果如图 5-26 所示。选择书籍外壳与书籍内页模型，执行"组"菜单→"成组"命令，命名为书籍。

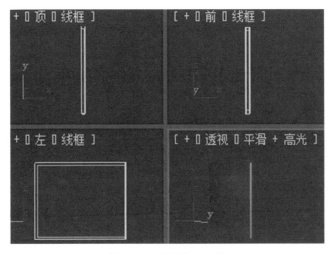

图 5-26　书籍外壳效果

（5）在各个视图中使用"移动"工具、"旋转"工具，调整书籍的位置，将其放在书架模型上，效果如图 5-27 所示。在前视图使用"移动"工具将书籍模型复制到书籍的其他位置，最终效果如图 5-28 所示。

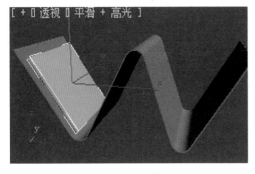

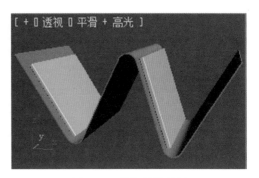

图 5-27　调整书籍位置　　　　　　图 5-28　书架最终效果

5.3 "车削"修改器

5.3.1 "车削"修改器基础操作

"车削"修改器命令能够使二维图形和 NURBS 曲线沿一根中心轴旋转，生成三维几何体，是常用的二维图形建模工具之一。"车削"修改器常用于制作轴对称几何体，如啤酒瓶、高脚杯、陶瓷罐等。

下面将通过一个简单实例操作对"车削"修改器命令的具体使用方法进行介绍。

（1）在前视图中单击"创建"面板→"图形"→"线"按钮，创建陶罐的轮廓线，如图 5-29 所示，完成剖面路径的绘制。

（2）选择创建好的线形，单击"修改"面板→选择 Line 对象→进入"顶点"子对象，调整各个顶点的位置、状态等，使轮廓线更加圆润，如图 5-30 所示。

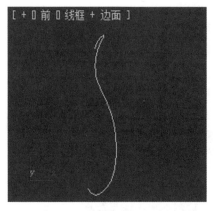

图 5-29　绘制陶罐的轮廓线

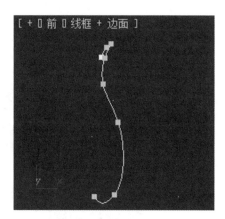

图 5-30　调整顶点的状态

（3）选择场景中的剖面路径，进入"修改"面板，在修改器下拉列表中选择"车削"命令，启用"车削"参数编辑修改器。

（4）启用"车削"参数编辑修改器后，在"修改"面板的下方即可看到"车削"参数卷展栏，如图 5-31 所示。

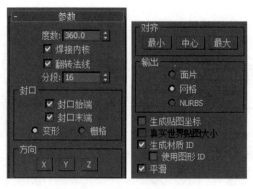

图 5-31　"车削"参数卷展栏

（5）在"方向"选项组中选择 Y 按钮，在"对齐"选项组中选择"最小"按钮，即可完成陶罐模型的创建，如图 5-32 所示。

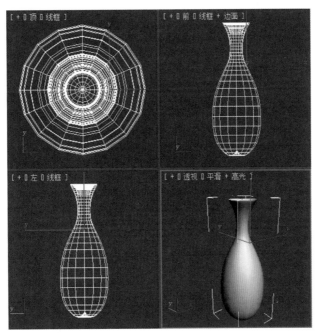

图 5-32　陶罐模型制作

下面对"车削"参数卷展栏中各项参数的含义进行介绍。

度数：确定对象绕轴旋转的角度，360 度为完整的环形，小于 360 度为不完整的扇形，如图 5-33 所示。

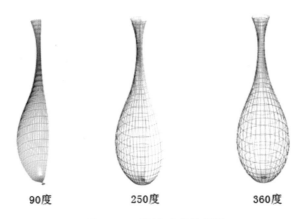

图 5-33　不同角度值的模型

焊接内核：通过将旋转轴中的顶点焊接来简化网格，得到结构更精确精简且平滑无缝的模型。如果要创建一个变形目标，禁用该选项。

翻转法线：将模型表面的法线方向反转。当模型的表面正反面反向时，翻转法线。

分段：设置模型圆周上的分段数目，值越大，模型越光滑。

"封口"选项组用于设置车削对象顶端与底端效果。

封口始端：将车削对象的顶端加面覆盖。

封口末端：将车削对象的底端加面覆盖。

变形：不进行面的精简计算，以便用于变形动画的制作。

栅格：进行面的精简计算，不能用于变形动画的制作。

"方向"选项组中设置旋转中心轴的方向。

X/Y/Z：分别设置不同的轴向。

"对齐"选项组设置图形与中心轴的对齐方式。

最小 / 中心 / 最大：分别将曲线的内边界、中心和外边界与中心轴对齐，如图 5-34 所示。

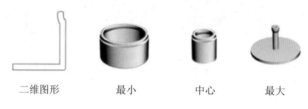

二维图形　　　最小　　　中心　　　最大

图 5-34　对齐方式

"输出"选项组可用来设置旋转物体的类型。

面片、网格、NURBS：分别生成面片、网格、NURBS 类型的物体。

5.3.2　实例——鱼缸的制作

本实例主要使用二维图形、车削工具制作一个鱼缸模型。其具体操作如下：

（1）单击"创建"面板→"图形"→"线"按钮，在前视图中创建鱼缸剖面线条，如图 5-35 所示。在"修改"面板进入"样条线"子层级，选择样条线，单击"几何体"卷展栏中的"轮廓"按钮，设置线条轮廓，效果如图 5-36 所示。

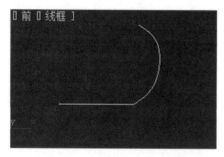

图 5-35　创建鱼缸剖面线条

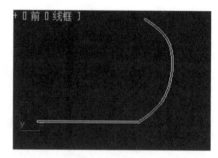

图 5-36　设置线条轮廓

（2）选择创建的线条，添加"车削"命令，设置车削参数，如图 5-37 所示，效果如图 5-38 所示。

（3）单击"创建"面板→"图形"→"线"按钮，在前视图中创建鱼缸底部剖面线条，如图 5-39 所示。添加"车削"命令，设置车削参数，在前视图使用"对齐"工具将鱼缸模型与底部模型在 Y 轴上最小值与最大值对齐，最终效果如图 5-40 所示。

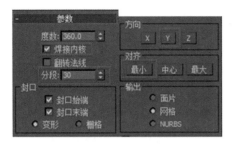

图 5-37 车削参数设置

图 5-38 车削效果

图 5-39 创建鱼缸底部剖面线条

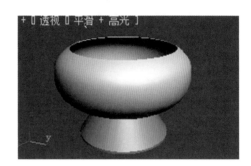

图 5-40 鱼缸效果

5.3.3 实例——花盆的制作

本实例主要通过对线条进行编辑、使用车削工具制作一个花盆模型。其具体操作如下：

（1）单击"创建"面板→"图形"→"线"按钮，在前视图中创建如图 5-41 所示的线条。在"修改"面板进入"样条线"子层级，选择样条线，单击"几何体"卷展栏中的"轮廓"按钮，设置线条轮廓，效果如图 5-42 所示。

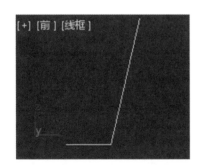

图 5-41 创建线条

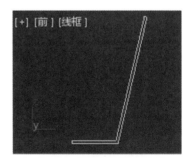

图 5-42 设置线条轮廓

（2）选择创建的线条，在"修改"面板进入"线段"子层级，选择外侧线段，在"几何体"卷展栏"拆分"数值输入框中输入数值，如图 5-43 所示。单击"拆分"按钮将线段拆分，效果如图 5-44 所示。

（3）在"修改"面板进入"顶点"子层级，间隔选择拆分的顶点，在前视图使用"移动"工具向右移动顶点，效果如图 5-45 所示，调整底部尾端的顶点，效果如图 5-46 所示。使用同样的方法对不满意的顶点可以适当调整顶点状态。

图 5-43　输入拆分数值

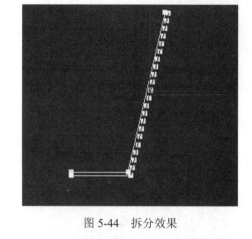

图 5-44　拆分效果

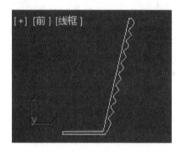

图 5-45　移动顶点位置

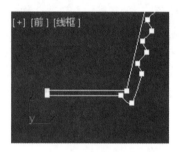

图 5-46　调整顶点

（4）在前视图选择线段→执行"车削"命令→在"参数"卷展栏设置参数，如图 5-47 所示。在修改器堆栈中关闭"修改命令开关"，进入车削子层级"轴"，然后在前视图使用"移动"工具将车削轴沿 X 轴向左移动到适当的位置，如图 5-48 所示，使模型底部中央形成漏水洞效果，最后在修改器堆栈中开启"修改命令开关"。至此，花盆模型制作完成，最终效果如图 5-49 所示。

图 5-47　车削参数

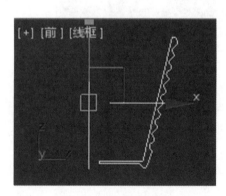

图 5-48　移动车削轴

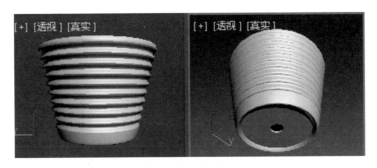

图 5-49　花盆效果

5.4　"倒角"与"倒角剖面"修改器

5.4.1　"倒角"修改器基础操作

"倒角"修改器命令与"挤出"修改器命令的工作原理基本相同，但该修改器除了能够将图形挤出生成三维模型外，还可以使三维模型生成带有斜面的倒角效果，如图 5-50 所示。该修改器命令经常用于创建古典的倒角文字和标志。"倒角"命令可以对任意形状的二维图形进行倒角操作，以二维图形作为基面挤出生成三维几何体，可以在基面的基础上挤压出 3 个层次，并设置每层的轮廓数值。

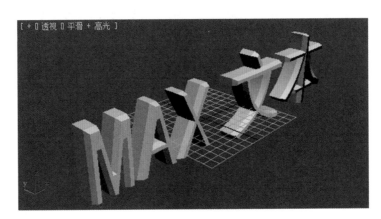

图 5-50　倒角文字

为二维图形设置"倒角"修改器命令的操作步骤如下：

（1）单击"创建"面板→"图形"→"圆"按钮，在顶视图中绘制一个圆。

（2）进入"修改"面板→单击"修改器下拉列表"→选择"倒角"命令。

（3）向下拖动命令面板右侧的滚动条，即可看到"倒角"参数卷展栏的全貌，并对其进行设置，如图 5-51 所示。

（4）设置完毕后，即可见场景中创建了一个两侧都具有切角的圆形台面。结合切角长方体的创建，可以最终创建为一个圆形桌，如图 5-52 所示。

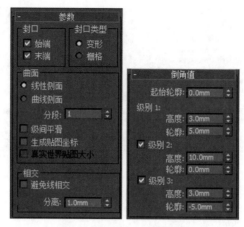

图 5-51　"倒角"参数卷展栏

图 5-52　圆形桌的创建

下面对"倒角"参数卷展栏中各项参数的含义进行介绍。

"封口"选项组用于对造型两端进行封面加盖处理，如果对两端都进行加盖处理，则成为封闭实体。

始端：将开始截面封加盖顶。

末端：将结束截面封加顶盖。

"封口类型"选项组用于设置封口表面的构成类型。

变形：不处理表面，以便进行变形操作，制作变形动画。

栅格：进行表面网格处理，它产生的渲染效果要优于 Morph 方式。

"曲面"选项组控制曲面侧面的曲率、平滑度和贴图。选项组中的两个单选按钮用来设置级别之间使用的插值方法。

线性侧面：设置倒角内部片段划分为直线方式。

曲线侧面：设置倒角内部片段划分为弧形方式。

分段：设置倒角内部的段数，数值越大，倒角越圆滑。

级间平滑：对倒角对象的侧面进行平滑处理，但总保持封口不被平滑。

"相交"选项组用于在制作倒角时，防止从重叠的临近边产生锐角。

避免线相交：防止轮廓彼此相交。

分离：设置两个边界线之间所保持的距离。

"倒角值"卷展栏用于设置不同倒角级别的高度和轮廓。

起始轮廓：设置原始图形的外轮廓大小。

级别 1/ 级别 2/ 级别 3：分别设置 3 个级别的高度和轮廓大小，如图 5-53 所示。

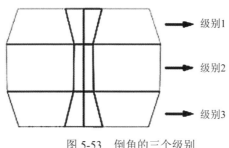

图 5-53　倒角的三个级别

5.4.2 "倒角剖面"修改器基础操作

同"倒角"修改器命令相比，"倒角剖面"修改器命令具有编辑方法更为灵活的特点。"倒角剖面"需要一个图形作为倒角的轮廓线，有点像"放样"，但创建出物体后，轮廓线不能删除。如果删除轮廓线，所生成的物体也会随之删除。创建一个物体需要两个图形，一个是轮廓线图形，一个是剖面图形。

注意：使用"倒角剖面"修改器命令创建模型后，作为倒角剖面的轮廓线不能删除，删除后，所生成的物体也会随之删除。"倒角剖面"与提供图形的放样对象不同，它只是一个简单的修改器。

下面对"倒角剖面"参数卷展栏中各项参数的含义进行介绍。

"倒角剖面"选项组，在为图形添加了修改器命令后，单击"拾取剖面"按钮，在视图中拾取一个图形或 NURBS 曲线来用于剖面路径。

"封口"选项组设置两个底面是否封闭。

始端：将开始端封顶。

末端：将结束端封顶。

"封口类型"选项组设置倒角形体开始和结尾两个封口面的类型。

变形：不处理表面，以便进行变形操作，制作变形动画。

栅格：进行表面栅格处理，它产生的渲染效果优于"变形"方式。

"相交"选项组的使用方法与前面所讲的"倒角"修改器中"相交"选项组的使用方法相同。该选项组用于去除倒角物体的异常突起部分。

5.4.3 实例——装饰画的制作

本实例主要通过二维图形、倒角剖面工具制作一个装饰画模型。其具体操作如下：

（1）单击"创建"面板→"图形"→"矩形"按钮，在前视图中绘制一个矩形框，如图 5-54 所示。

（2）单击"创建"面板→"图形"→"线"按钮，使用"线"工具在左视图中绘制剖面图形，如图 5-55 所示。

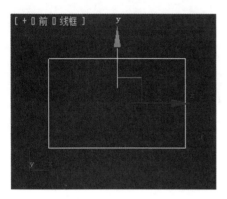 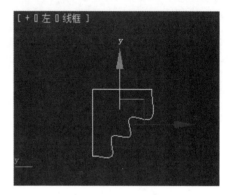

图 5-54　绘制矩形框　　　　　　　　图 5-55　绘制剖面图形

（3）选择场景中的矩形框→单击"修改"面板→执行"倒角剖面"命令，在命令面板中出现的"参数"卷展栏内单击"拾取剖面"按钮，然后在场景中拾取用于倒角剖面的"剖面路径"图形，图 5-56 为"倒角剖面"参数卷展栏。

（4）选择修改器堆栈列表中"倒角剖面"命令，展开子对象，并选择"剖面 Gizmo"子对象，如图 5-57 所示。在顶视图中可以通过移动剖面 Gizmo 位置，以调整模型的最终大小，如图 5-58 所示。

图 5-56　"倒角剖面"参数卷展栏　　　图 5-57　调整 Gizmo 的位置

（5）单击"创建"面板→"几何体"→"标准基本体"→"平面"按钮，在前视图中使用"平面"工具在画框里绘制平面，作为画布。至此，整个装饰画制作完成，如图 5-59 所示。

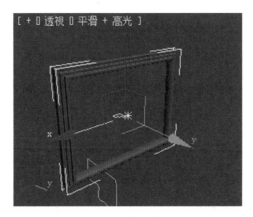

图 5-58 框架效果

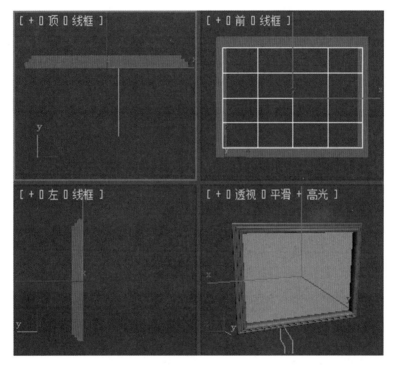

图 5-59 画框模型

5.4.4 实例——牌匾的制作

本实例通过二维图形中的矩形、倒角修改器命令制作牌匾的厚度及凹陷效果，通过二维图形中的文本、挤出工具创建三维字体效果。其具体操作如下：

（1）单击"创建"面板→"图形"→"矩形"按钮，在前视图中绘制一个矩形，参数设置如图 5-60 所示。

（2）选择创建的矩形→单击"修改"面板→执行"倒角"命令，参数设置如图 5-61 所示，效果如图 5-62 所示。

（3）参照上述方法制作内部的矩形框，效果如图 5-63 所示。

（4）单击"创建"面板→"图形"→"文本"按钮，在"参数"卷展栏中设置文本大小、内容等，如图 5-64 所示。对文本执行"挤出"命令，将文本转为三维模型，效果如图 5-65 所示。至此，牌匾制作完成。

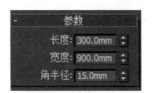

图 5-60　矩形参数

图 5-61　倒角参数

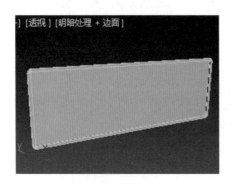

图 5-62　倒角效果

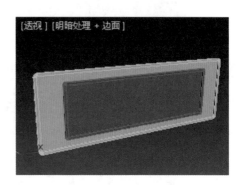

图 5-63　内部矩形效果

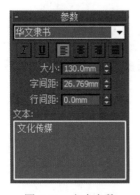

图 5-64　文本参数

图 5-65　牌匾效果

5.5　三维模型修改器命令

对三维模型使用修改器命令，要求模型应有足够的段数，可以产生多种多样的变化。

例如，"弯曲""扭曲""锥化""晶格""FFD 修改器""涡轮平滑"等都是常用的三维模型修改器命令。

5.5.1 "弯曲"修改器基础操作

使用"弯曲"修改器命令可以对分段数大于 1 的物体进行弯曲处理，可以进行角度和方向的改变，如图 5-66 所示。根据弯曲轴的坐标，设置弯曲的限制区域。

在"弯曲"参数卷展栏中，各项参数的含义如下：

"弯曲"选项组用于设置弯曲的角度和方向。

角度：设置沿垂直面弯曲的角度大小。

方向：设置弯曲相对于水平面的方向。

"弯曲轴"选项组用于设置弯曲所依据的坐标轴向。

X/Y/Z：用于指定将被弯曲的轴。

"限制"选项组用于指定限制影响范围，其影响区域将由上限值和下限值确定。

上限：设置弯曲的上限，在此限度以上的区域将不受到弯曲的影响。

下限：设置弯曲的下限，在此限度与上限之间的区域将受到弯曲的影响。

注意：几何体的分段数与弯曲效果也有很大的关系，几何体分段数越多，弯曲表面就越光滑。对于同一几何体，弯曲命令的参数不变，如果改变几何体的分段数，形体也会发生很大变化。

在修改器命令堆栈中单击"弯曲"命令前的展开按钮，会展开子层级对象选项，如图 5-67 所示。单击 Gizmo 选项，使用"选择移动"工具在视图中移动其位置，圆柱体的弯曲形态会随之发生变化，如图 5-68 所示。单击"中心"选项，使用"选择并移动"工具改变弯曲的中心位置，圆柱体的弯曲形态也会随之发生改变，如图 5-69 所示。

图 5-66　"弯曲"参数卷展栏

图 5-67　"弯曲"命令子对象

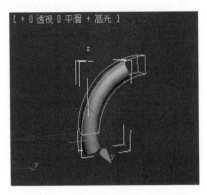

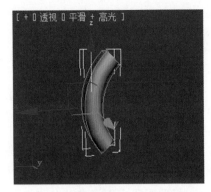

图 5-68 移动模型 Gizmo 位置　　　　　　图 5-69 移动模型"中心"位置

5.5.2 "扭曲"修改器基础操作

"扭曲"修改器命令通过旋转对象的两端来修改物体的造型，从而产生扭曲的形状。通过调整扭曲的角度和偏移值，可以得到各种扭曲效果，同时还可以通过限制参数的设置，使扭曲效果限定在固定的区域内，其参数设置如图 5-70 所示。例如，对长方体使用扭曲命令后的效果，如图 5-71 所示。由于长方体参数在默认设置下各个方向上的分段数为 1，这时使用扭曲命令是看不到扭曲效果的，所以应该先设置长方体扭曲方向的分段数，然后再调整扭曲命令参数，才能看到扭曲效果。

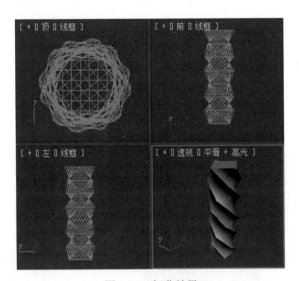

图 5-70 "扭曲"参数卷展栏　　　　　　图 5-71 扭曲效果

在"扭曲"参数卷展栏中，各项参数的含义如下：

角度：用于设置扭曲的角度大小。

偏移：用于设置扭曲向上或向下的偏向度。

扭曲轴：用于设置扭曲依据的坐标轴向。

限制效果：选中该复选框，打开限制影响。

上限 / 下限：用于设置扭曲限制的区域。

注意：使用扭曲命令时，应对物体设定合适的段数。灵活运用限制参数也能达到很好的扭曲效果。

5.5.3 "锥化"修改器基础操作

"锥化"修改器命令对物体两端进行缩放，产生锥化的轮廓，同时在两端的中间产生光滑的曲线变化，可限制局部锥化效果，其参数设置如图5-72所示。

在"锥化"参数卷展栏中，各项参数的含义如下：

"锥化"选项组用于设置物体边的倾斜与弯曲度。

数量：设置物体边的倾斜角度，效果如图5-73所示。

图5-72　"锥化"参数卷展栏

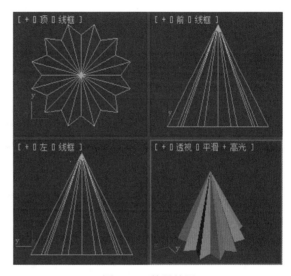

图5-73　数量效果

曲线：设置物体边弯曲的程度，效果如图5-74所示。

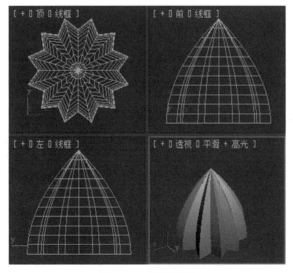

图5-74　曲线效果

"锥化轴"选项组用于设置物体锥化的坐标轴。

主轴：用于设置基本的锥化依据轴向。

效果：用于设置锥化所影响的轴向。

对称：选择该复选框，将会产生相对于主坐标轴对称的锥化效果。

"限制"选项组用于控制锥化的影响范围。

上限／下限：分别设置锥化限制的区域。

5.5.4　"晶格"修改器基础操作

"晶格"修改器命令可以将模型的边转化为圆柱形结构，并在顶点上产生可选的关节多面体。使用该命令可以基于网络拓扑创建可渲染的几何体结构，或作为获得线框渲染效果的一种方法，其参数设置如图 5-75 所示。

图 5-75　"晶格"参数卷展栏

在"晶格"参数卷展栏中，各项参数的含义如下：

"几何体"选项组用于设置"晶格"修改器应用到对象节点与支柱的属性。

应用于整个对象：将"晶格"修改器应用到对象的所有边或线段上。

仅来自顶点的节点：仅显示由原始网格顶点产生的关节（多面体）。

仅来自边的支柱：仅显示由原始网络线段产生的支柱（多面体）。

二者：显示支柱和关节。

"支柱"选项组用于设置对象边或线段的属性。

半径：指定结构的半径。

分段：指定沿结构的分段数目。

边数：指定结构边界的边数目。

材质 ID：指定用于结构的材质 ID。使结构和关节具有不同的材质 ID，这会很容易将它们指定给不同的材质。

忽略隐藏边：仅生产可视边的结构。禁用时，将生成所有边的结构，包括不可见边，默认设置为启用。

末端封口：将末端封口应用于支柱。

平滑：将平滑应用于支柱。

"节点"选项组用于设置对象节点的属性。

基点面类型：指定用于关节的多面体类型，包括四面体、八面体和二十面体 3 种类型。

半径：设置关节的半径。

分段：指定关节中的分段数目，分段越多，关节形状越像球形。

材质 ID：指定用于结构的材质 ID。

平滑：将平滑应用于节点。

"贴图坐标"选项组用于设置对象的贴图坐标。

无：不指定贴图。

重用现有坐标：将当前贴图指定给对象。

新建：将圆柱形贴图应用于每个结构和关节。

5.5.5 FFD 修改器基础操作

FFD 是 Free Form Deformation 的缩写形式，意为自由变形。FFD 修改器包括 5 种不同的网格控制方式：FFD2×2×2、FFD3×3×3、FFD4×4×4、FFD（长方体）、FFD（圆柱体），如图 5-76 所示。使用 FFD 修改器可以在对象附近创建点阵形的网格控制点，通过移动控制点可以改变对象的曲面。FFD 命令的参数如图 5-77 所示，其参数卷展栏的参数含义如下：

图 5-76　FFD 修改器　　　　　　　　　图 5-77　FFD 参数

"尺寸"选项组用于调整源体积的单位尺寸，并指定晶格中控制点的数目。

设置点数：在弹出的对话框中输入三边上的控制点数目，控制点用于制作复杂多变的空间扭曲。

"显示"选项组用于设置 FFD 在视口中的显示方式。

晶格：是否显示控制点之间的黄色虚线格。

源体积：控制点和晶格会以未修改的状态显示，即显示初始线框的体积。

"变形"选项组用来指定受 FFD 命令影响的顶点。

仅在体内：只有进入变形线框的物体顶点才受到变形影响。

所有顶点：物体无论是否在变形线框内，表面所有顶点都受变形影响。

衰减：当选择"所有顶点"方式时，这里的数值用来调节变形盒对盒外变形影响的衰减程度。值为 0 时，不衰减；值越大，衰减越低；当值为 0.01 时，衰减效果最强烈，和"仅在体内"方式效果相似。

张力 / 连续性：调节变形曲线的张力值和连续性。

"选择"选项组用来选择沿某个轴向上的所有控制点。

在视图中创建一个几何体，对其应用 FFD4×4×4 命令，可看到几何体上出现 FFD4×4×4 控制点，如图 5-78 所示。在修改器命令堆栈中单击展开按钮 ⊞，显示出 FFD 命令子对象，如图 5-79 所示。

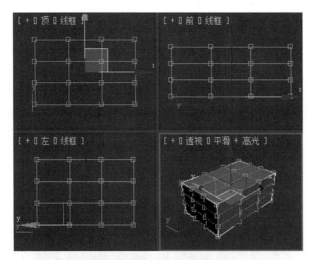

图 5-78 FFD4×4×4 命令

图 5-79 FFD 子对象

控制点：主要是对晶格的控制点进行编辑，通过对控制点的拖动来改变物体的外形。

晶格：可以通过移动、旋转、缩放来编辑物体或与物体进行分离。

设置体积：此时晶格控制点变为绿色，在移动、旋转、缩放时不会对物体的形态产生影响。

注意：在对几何体使用 FFD 命令时，必须考虑到几何体的分段数。如果几何体的分段数很低，FFD 命令的效果也不会明显。

5.5.6 "涡轮平滑"修改器基础操作

对三维模型进行光滑模型常用到的修改器命令有"平滑""网格平滑""涡轮平滑"，它们的操作方法都较为类似，这里只简单介绍"涡轮平滑"命令的使用方法。"涡轮平滑"命令主要用于细分光滑模型，其参数设置如图 5-80 所示。例如，在场景中创建一个长方体，分别将其长、宽、高的分段数设为 7，再对其使用"涡轮平滑"命令，将使模型表面更光滑，如图 5-81 所示。"涡轮平滑"命令的各项参数含义如下：

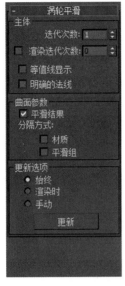

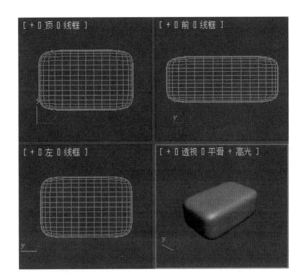

图 5-80　涡轮平滑参数　　　　　　　　　图 5-81　涡轮平滑效果

"主体"选项组用于设置涡轮平滑的基本参数。

迭代次数：设置网格细分的次数。增加该值时，每次新的迭代会通过在迭代之前对顶点、边和曲面创建平滑差补顶点来细分网格。修改器会细分曲面来使用这些新的顶点。默认设置为 1，范围为 0 ～ 10。

渲染迭代次数：允许在渲染时选择一个不同数量的平滑迭代次数应用于对象。

等值线显示：启用此选项后，软件仅显示等值线，对象在平滑之前的原始边。使用此项的好处是减少混乱的显示。禁用此项后，软件会显示所有通过涡轮平滑添加的曲面。因此更高的迭代次数会产生更多数量的线条。默认设置为禁用状态。

明确的法线：允许"涡轮平滑"修改器为输出计算法线，此方法要比 3ds Max 中网格对象平滑组中用于计算法线的标准方法迅速。默认设置为禁用状态。如果涡轮平滑结果直接用于显示或渲染，通常启用此选项会使其加快速度。

"曲面参数"选项组用于通过曲面属性对对象应用平滑组并限制平滑效果。

平滑结果：对所有曲面应用相同的平滑组。

材质：按材质分隔，防止在不共享材质 ID 的曲面之间的边上创建新曲面。

平滑组：按平滑组分隔，防止在不共享至少一个平滑组的曲面之间的边上创建新曲面。

"更新选项"选项组用于设置手动或渲染时更新选项，适用于平滑对象的复杂度过高而不能应用自动更新的情况。

始终：无论何时改变任何涡轮平滑设置都自动更新对象。

渲染时：仅在渲染时更新视口中对象的显示。

手动：启用手动更新。选中手动更新时，改变的任意设置直到单击"更新"按钮时才起作用。

更新：更新视口中的对象来匹配当前涡轮平滑设置。仅在选择"渲染"或"手动"时才起作用。

5.5.7 实例——枕头的制作

本实例通过调整 FFD4×4×4 控制点的位置将切角长方体编辑为枕头模型。其具体操作如下：

（1）单击"创建"面板→"基本体"→"扩展基本体"→"切角长方体"按钮，在顶视图中创建一个切角长方体，参数设置如图 5-82 所示，效果如图 5-83 所示。

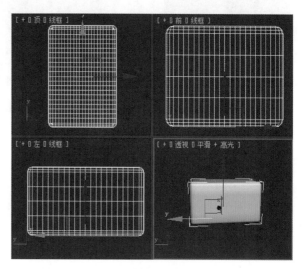

图 5-82　切角长方体参数　　　　　　　　图 5-83　切角长方体效果

（2）单击"修改器下拉列表"→ FFD4×4×4 命令，在修改器堆栈中进入 FFD4×4×4 命令的"控制点"子对象，然后在顶视图中选择所有控制点，再按住 Alt 键减选中间的 4 个控制点，如图 5-84 所示，在前视图中使用"缩放"工具，将选择的控制点沿 Y 轴进行缩放，如图 5-85 所示。

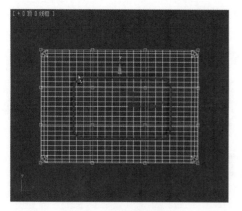

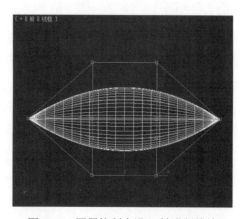

图 5-84　控制点的选择　　　　　　　　图 5-85　四周控制点沿 Y 轴进行缩放

（3）在顶视图中选择对边上中间的控制点，如图 5-86 所示，使用"缩放"工具沿 Y 轴缩放，如图 5-87 所示。用同样的方法选择另外两对边中间的控制点，使用"缩放"工具沿 X 轴缩放。至此，枕头制作完成，如图 5-88 所示。

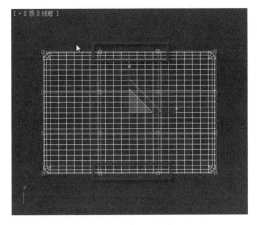
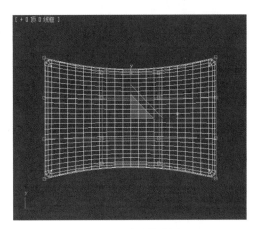

图 5-86 选择对边中间的控制点   图 5-87 缩放控制点

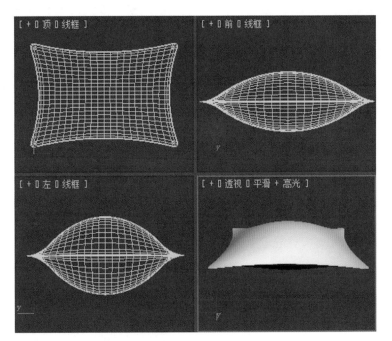

图 5-88 枕头制作完成

5.5.8 实例——水晶吊灯的制作

本实例通过基本体中的圆环、圆柱体以及晶格修改器命令制作水晶吊灯模型。其具体操作如下：

（1）单击"创建"面板→"几何体"→"标准基本体"→"圆环"按钮，在顶视图中创建一个圆环，参数设置如图 5-89 所示，效果如图 5-90 所示。

图 5-89　圆环参数

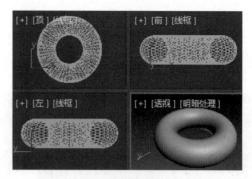

图 5-90　圆环效果

（2）选择圆环，在"修改"面板执行"晶格"命令，参数设置如图 5-91 所示，效果如图 5-92 所示。

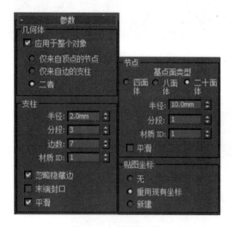

图 5-91　晶格参数

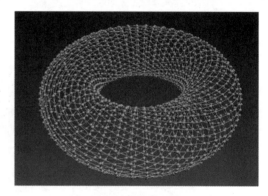

图 5-92　晶格效果

（3）单击"创建"面板→"几何体"→"标准基本体"→"圆柱体"按钮，在顶视图中创建一个圆柱体，参数设置如图 5-93 所示。在顶视图使用"对齐"工具将圆柱体与圆环 X、Y 轴中心对齐，在前视图将圆柱体与圆环 Y 轴上中心对齐。单击"修改"面板，对圆柱体执行"晶格"命令，参数如图 5-94 所示，效果如图 5-95 所示。

图 5-93　圆柱体参数

图 5-94　晶格参数

（4）参照上述方法，继续采用圆柱体制作内部吊坠，最终效果如图5-96所示。

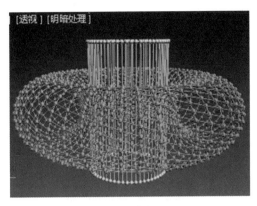

图 5-95　晶格效果

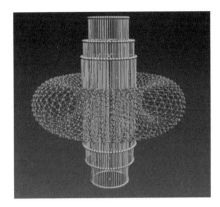

图 5-96　水晶吊灯效果

5.5.9　实例——罗马柱的制作

本实例通过二维图形中的星形、线以及"修改"面板中的车削、挤出、扭曲命令，综合制作罗马柱模型。其具体操作如下：

（1）单击"创建"面板→"图形"→"线"按钮，在前视图中创建如图5-97所示的线段。单击"修改"面板，进入"顶点"子层级，使用"圆角"工具调整顶点效果，如图5-98所示。对线段执行"车削"命令，在"参数"卷展栏设置车削参数，如图5-99所示，效果如图5-100所示，罗马柱底部制作完成。

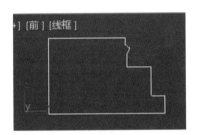

图 5-97　创建线段

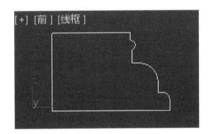

图 5-98　调整顶点

图 5-99　设置车削参数

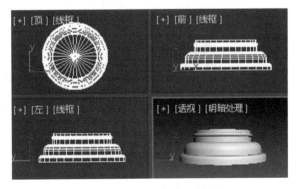

图 5-100　罗马柱底部效果

（2）单击"创建"面板→"图形"→"星形"按钮，在顶视图中创建一个星形，参数如图 5-101 所示。单击"修改"面板，执行"挤出"命令，挤出参数如图 5-102 所示；再次单击"修改"面板，执行"扭曲"命令，参数如图 5-103 所示。使用"对齐"工具，在顶视图将扭曲完成的模型与罗马柱底部 X、Y 轴中心对齐，在前视图将扭曲完成的模型与罗马柱底部 Y 轴最小值与最大值对齐，效果如图 5-104 所示。

图 5-101　星形参数

图 5-102　挤出参数

图 5-103　扭曲参数

图 5-104　扭曲模型效果

（3）在前视图中选择罗马柱底部，使用"镜像"工具沿 Y 轴按"实例"复制 1 个底部模型。使用"对齐"工具将复制的模型对齐罗马柱顶部，最终效果如图 5-105 所示。至此，罗马柱制作完成。

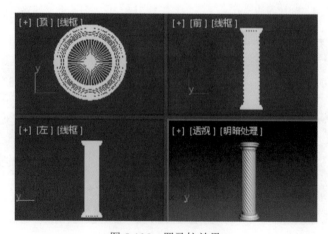

图 5-105　罗马柱效果

5.6 拓展实例

5.6.1 床头灯的制作

本实例主要使用二维图形中的线工具以及车削修改器命令完成床头灯模型的制作。其具体操作如下：

（1）单击"创建"面板→"图形"→"线"按钮，在前视图中创建如图5-106所示的线条。在"修改"面板中进入线的"样条线"子层级，在"几何体"卷展栏中使用"轮廓"工具创建线段的轮廓，效果如图5-107所示。

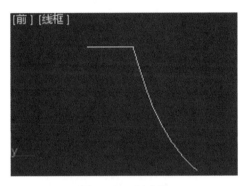

图5-106　创建线

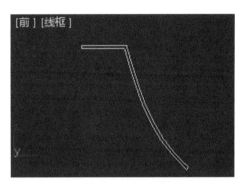

图5-107　创建线的轮廓

（2）对线条执行"车削"命令，设置车削参数，如图5-108所示，效果如图5-109所示。至此，灯罩的制作已经完成。

图5-108　车削参数

图5-109　车削效果

（3）单击"创建"面板→"图形"→"线"按钮，在前视图中创建如图5-110所示的线条。对线条执行"车削"命令，参数如图5-108所示，最终效果如图5-111所示。至此，床头灯模型制作完成。

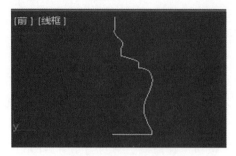

图 5-110 车削效果

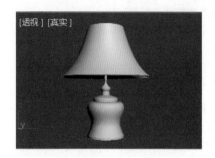

图 5-111 床头灯效果

5.6.2 台历的制作

本实例主要使用二维图形、样条线的编辑、挤出修改器命令完成台历模型的制作。其具体操作如下：

（1）单击"创建"面板→"图形"→"线"按钮，在左视图中创建如图 5-112 所示的三角形。在"修改"面板中进入线的"顶点"子层级，在"几何体"卷展栏中使用"圆角"工具设置 3 个顶点的圆角；进入"样条线"子层级，在"几何体"卷展栏中使用"轮廓"工具创建线段的轮廓，如图 5-113 所示，对该线段执行"挤出"命令，挤出适当的厚度，效果如图 5-114 所示。至此，台历背板部分制作完成。

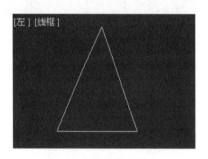

图 5-112 创建三角形

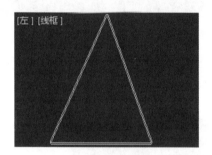

图 5-113 创建轮廓

（2）选择制作好的台历背板，单击"层次"面板→开启"仅影响轴"按钮→单击对齐组中的"居中到对象"按钮，如图 5-115 所示，调整台历背板模型中心点位置，关闭"仅影响轴"按钮。

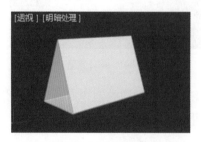

图 5-114 挤出效果

图 5-115 "层次"面板

（3）单击"创建"面板→"图形"→"矩形"按钮，在前视图中参考台历背板大小创建一个矩形，参数与效果如图 5-116 所示。

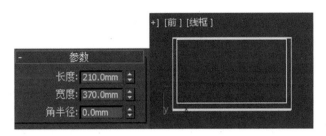

图 5-116　矩形参数与效果

（4）单击"创建"面板→"图形"→"矩形"按钮，在前视图中再次创建一个矩形，参数如图 5-117 所示。在前视图将该矩形与步骤（3）中的矩形沿 Z 轴轴心对齐，使用"移动"工具将该矩形沿 X 轴移动复制 24 个，效果如图 5-118 所示。

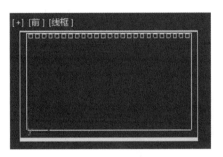

图 5-117　矩形参数　　　　　　　　　　图 5-118　复制矩形

（5）选择步骤（3）中的矩形，右击将其转换为可编辑样条线。单击"修改"面板，在"几何体"卷展栏中单击"附加多个"按钮，在弹出的"附加多个"对话框中选择所有的矩形，然后单击"附加"按钮，将所有矩形附加在一起。

（6）对附加后的矩形执行"挤出"命令，参数如图 5-119 所示。在透视图中使用"放置"工具将其放置在台历背板表面，效果如图 5-120 所示。

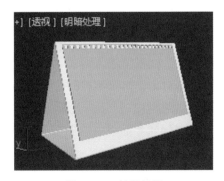

图 5-119　挤出参数　　　　　　　　　　图 5-120　放置效果

（7）单击"创建"面板→"图形"→"螺旋线"按钮，在左视图中创建一个螺旋线，参数如图 5-121 所示。在"渲染"卷展栏中设置渲染参数,如图 5-122 所示。

图 5-121　螺旋形参数

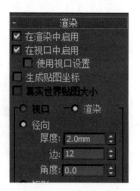

图 5-122　渲染参数

（8）使用"移动"工具在各个视图中调整螺旋线位置,使其穿过台历上的矩形孔,如图 5-123 所示。选择螺旋线,在前视图使用"移动"工具将其沿 X 轴复制 24 个,使所有的螺旋线分别穿过各个矩形孔,最终效果如图 5-124 所示。至此,台历制作完成。

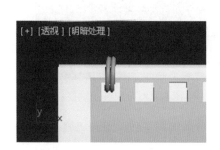

图 5-123　调整螺旋线位置

图 5-124　台历效果

5.6.3　生日蛋糕的制作

本实例主要使用二维图形、样条线的编辑以及车削、挤出、扭曲、锥化等常用修改器命令完成蛋糕模型的制作。其具体操作如下:

（1）单击"创建"面板→"图形"→"线"按钮,在前视图中创建如图 5-125 所示的线条。在"修改"面板中进入线的"顶点"子层级,在"几何体"卷展栏中使用"圆角"工具设置顶点的圆角,如图 5-126 所示。在"修改"面板对该线段执行"车削"命令,设置车削参数,如图 5-127 所示,效果如图 5-128 所示。至此,蛋糕底盘制作完成。

（2）单击"创建"面板→"图形"→"星形"按钮,在顶视图中创建一个星形,参数如图 5-129 所示。在"修改"面板对星形执行"挤出"命令,参数如图 5-130 所示,将其作为蛋糕主体。在顶视图使用"对齐"工具将蛋糕主体模型与蛋糕底盘模型 X、Y 轴中心对齐,单击"层次"面板→"轴"→"仅影响轴"按钮,接着单击"居中到对象"按钮,将轴心调整到模型中心,关闭"仅影响轴"。在前视图中,将蛋糕主体与底盘在 Y 轴上最小值对齐最大值，最终效果如图 5-131 所示。

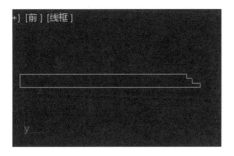

图 5-125　创建线条

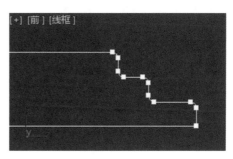

图 5-126　设置顶点圆角

图 5-127　车削参数

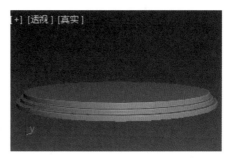

图 5-128　车削效果

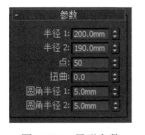

图 5-129　星形参数

图 5-130　挤出参数

图 5-131　蛋糕主体效果

（3）单击"创建"面板→"图形"→"星形"按钮，在顶视图中再次创建一个星形，参数如图 5-132 所示。在"修改"面板对该星形执行"挤出"命令，参数如图 5-133 所示；执行"锥化"命令，参数如图 5-134 所示；执行"扭曲"命令，参数如图 5-135 所示；将其作为蛋糕奶油模型，效果如图 5-136 所示。

（4）选择蛋糕奶油模型，单击"层次"面板→"轴"→"仅影响轴"按钮，打开捕捉开关。右击设置轴心捕捉，在顶视图将蛋糕奶油模型的轴心移动到蛋糕主体模型上表面的中心位置，如图 5-137 所示，关闭"仅影响轴"按钮。右击"角度捕捉"按钮，设置捕捉角度，如图 5-138 所示，打开"角度捕捉"。在顶视图选择蛋糕奶油模型，使用"旋转"工具按"实例"复制 11 个模型，效果如图 5-139 所示。

图 5-132　星形参数

图 5-133　挤出参数

图 5-134　锥化参数

图 5-135　扭曲参数

图 5-136　蛋糕奶油模型效果

图 5-137　调整奶油模型轴心

图 5-138　设置捕捉角度

图 5-139　复制奶油模型

（5）单击"创建"面板→"图形"→"线"按钮，在前视图中创建如图 5-140 所示的线段。在"修改"面板执行"车削"命令，参数与效果如图 5-141 所示。再次使用"线"工具在前视图中绘制线条，效果如图 5-142 所示。在"渲染"卷展栏设置渲染厚度，选择该部分模型，执行"组"菜单→"成组"命令。至此，水果模型制作完成。

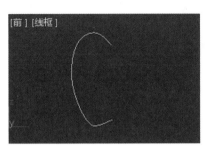

图 5-140 创建线段

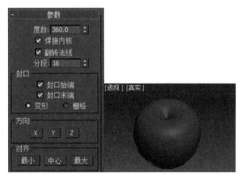

图 5-141 车削参数与效果

（6）使用"移动"工具在顶视图中将水果模型移动到蛋糕上合适的位置，使用"对齐"工具在前视图中将水果模型与蛋糕主体模型 Y 轴最小值对齐最大值。参照步骤（4）的方法，旋转复制水果模型，效果如图 5-143 所示。

图 5-142 创建线段

图 5-143 旋转复制水果模型

（7）参照步骤（3）、（4）的方法，制作剩余蛋糕奶油模型，效果如图 5-144 所示。

（8）单击"创建"面板→"图形"→"文本"按钮，在"参数"卷展栏中设置文本内容与参数，如图 5-145 所示。在顶视图单击创建文本，在"修改"面板执行"挤出"命令，参数如图 5-146 所示。在顶视图使用"移动"工具将该模型移动到合适位置，在前视图使用"对齐"工具将该模型对齐到蛋糕主体模型上表面，最终效果如图 5-147 所示。至此，蛋糕模型制作完成。

图 5-144 奶油模型效果

图 5-145 文本内容与参数

图 5-146　挤出参数　　　　　　　　图 5-147　蛋糕模型效果

本章小结

　　本章主要介绍了"修改"面板的配置、修改器列表、修改器堆栈的使用。通过本章的学习，读者可以掌握使用车削、挤出、倒角、倒角剖面等修改器命令将二维图形转换为三维模型的方法；并可以使用弯曲、锥化、晶格、FFD 等修改器命令对三维模型进行变形操作。

第6章
高级建模方法

【本章要点】

- 复合对象建模思路
- 布尔运算的使用方法
- 放样命令的建模方法
- 多边形建模方法

6.1 复合对象

复合对象建模是对 3d Max 标准基本体建模、扩展基本体建模、二维建模的扩展和补充，通过复合对象建模知识的学习，了解并掌握几种常用复合对象建模的方法，能够丰富和增强在实际工作中的建模思路。

复合对象包括 12 种类型，它们分别是变形、散步、一致、连接、水滴网格、图形合并、布尔、地形、放样、网格化、ProBoolean（超级布尔）、ProCutter（超级切割），如图 6-1 所示。

图 6-1　复合对象

6.1.1 "图形合并"命令

使用"图形合并"命令能够将一个或多个二维图形嵌入在网格对象的表面,创建的二维图形沿自身的 Z 轴向对象表面投影,然后创建新的节点、面和边界。可以通过编辑新创建的子层级,完成更复杂的建模效果。

创建"图形合并"对象步骤如下:

(1)单击"创建"面板→"几何体"→"标准基本体"→"长方体"按钮,在 3ds Max 透视图中创建长方体,在"参数"卷展栏中设置长宽高分别为 100、300、10,如图 6-2 所示。

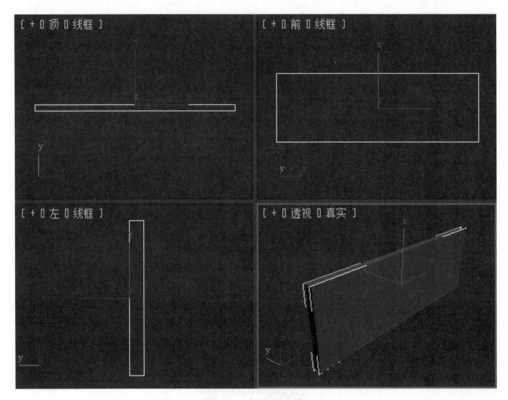

图 6-2   创建长方体

(2)单击"创建"面板→"图形"→"样条线"→"星形"按钮,在前视图中创建星形图形,在"参数"卷展栏中设置圆角半径值,并在各视图中移动图形到合适的位置,如图 6-3 所示。

(3)选择长方体对象,在"复合对象"创建面板的"对象类型"卷展栏中,单击"图形合并"按钮。

(4)在"拾取操作对象"卷展栏中单击"拾取图形"按钮,然后拾取二维图形对象,如图 6-4 所示。

(5)当选择"操作"选项组中的"饼切"单选按钮时,网格对象上的投射图形内部的曲面将被切除,如图 6-5 所示。

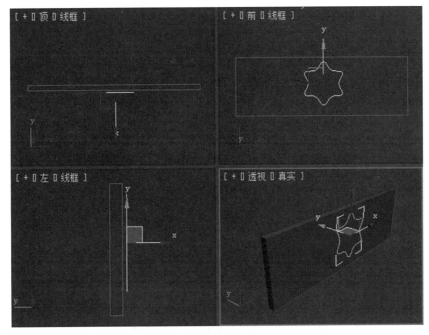

图 6-3　创建二维图形

图 6-4　使用"图形合并"命令创建图形

图 6-5　切除曲面

6.1.2　"布尔"命令

在数学中，布尔一次意味着两个集合之间的比较，而在 3ds Max 中，它表示两个几何体对象之间的比较。某种程度上，布尔运算就类似于传统的雕刻技术，由于通过布尔运算可以在简单的基本几何体基础上简便地组合出复杂的几何对象，因此布尔运算成为 3ds Max 中常用的建模技术。

当两个对象具有重叠部分时，可以使用布尔运算将它们合成一个新的对象。布尔运算就是将两个或两个以上的对象进行并集、差集、交集和切割运算，以产生新的对象。要进行布尔运算，必须先创建用于布尔运算的物体。参加布尔运算的物体应具备以下的条件：

（1）最好有多一些的段数。经布尔运算之后的对象会新增加很多面片，而这些面片是由若干个点相互连接构成的，一个新增加的点会与相邻的点连接，这种连接具有一定的随机性。随着布尔运算次数的增加，对象结构会变得越来越混乱。所以，这就要求参加布尔运算的对象最好有多一些的段数，通过增加对象段数的方法可以大大减少布尔运算出错的机会。

（2）两个布尔运算的对象应充分相交。

1. 布尔运算类型

下面为读者介绍 3ds Max 中所提供的几种布尔运算类型。

并集：该类型的布尔操作包含两个操作对象的体积，将两个对象重叠的部分移除，如 6-6 图所示。

交集：该类型布尔操作只包含两个操作对象重叠的部分，将不相交的部分删除，如图 6-7 所示。

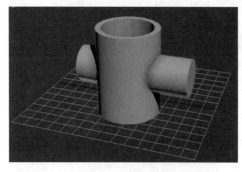 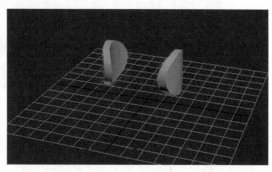

图 6-6　并集运算　　　　　　图 6-7　交集运算

差集（A-B）：该类型布尔操作从操作对象 A 上减去操作对象 A 与操作对象 B 重叠的部分，如图 6-8 所示。

差集（B-A）：该类型布尔操作与"差集（A-B）"类型相反，如图 6-9 所示。

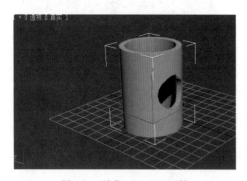 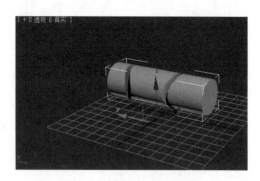

图 6-8　差集（A-B）运算　　　　　　图 6-9　差集（B-A）运算

切割："切割"布尔操作分为"优化""分割""移除内部""移除外部"4 种类型。图 6-10 为这 4 种类型的操作效果。

优化：在操作对象 B 与操作对象 A 面的相交处添加新的顶点和边。

分割：类似于"优化"类型，只是新产生顶点和边与源对象属于同一个网格的两个元素。

移除内部：可以删除位于操作对象 B 内部的操作对象 A 的所有面。

移除外部：可以删除位于操作对象 B 外部的操作对象 A 的所有面。

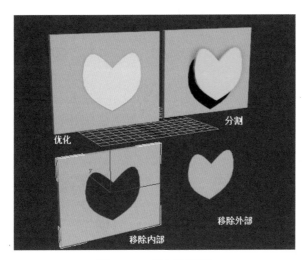

图 6-10　4 种切割类型

2. 创建布尔运算的方法

要创建布尔运算，需要先选择一个运算对象，然后在"创建"面板的"几何体"次命令面板的下拉列表栏中选择"复合对象"选项来访问布尔工具。

在用户界面中运算对象被称之为 A 和 B。当进行布尔运算的时候，选择的对象被当作运算对象 A，后加入的对象便成了运算对象 B。图 6-11 是布尔运算的参数栏。

图 6-11　布尔运算的参数栏

选择运算对象 B 之前，需要指定操作类型是并集、交集、差集还是切割。一旦选择了对象 B，就自动完成布尔运算，视口也会更新。

提示：可以在选择了运算对象 B 之后，再选择运算对象，也可以创建嵌套的布尔运算对象。将布尔对象作为一个运算对象进行布尔运算就可以创建嵌套的布尔运算。

3. 编辑布尔运算子层级

当对场景中创建的布尔运算对象不满意时，可以进入"操作对象"子层级对其外形进行编辑。选择布尔对象，进入"修改"面板。在该面板的堆栈栏中单击"布尔"选项左侧的展开符号，在展开的层级选项中选择"操作对象"选项，这时将进入该项子对象编辑状态，如图 6-12 所示。

在"参数"卷展栏"操作对象"选项组的显示窗中会显示布尔运算的子对象名称，进入"操作对象"子对象编辑状态后，在显示窗中选择某个子对象的名称选项，就可以对该项子对象进行编辑了，如图 6-13 所示。

图 6-12 进入"操作对象"子对象编辑状态　　　　图 6-13 "参数"卷展栏

"显示 / 更新"卷展栏中的"显示"选项组用来查看布尔操作的构造方式。当选择"结果"单选按钮，视图上只显示布尔运算的结果；当选择"操作对象"单选按钮，在视图中同时显示布尔运算的两个源对象；当选择"结果 + 隐藏的操作对象"单选按钮，在视图中显示布尔运算后的对象裁切线框。图 6-14 为 3 种显示状态下的效果。

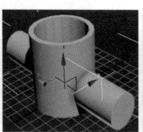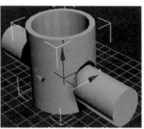

图 6-14 3 种显示状态

更新：该选项组的"始终""渲染时""手动"3 个单选按钮用来控制布尔运算效果的更新方式。

4. 材质附加选项

当对指定不同材质的对象使用布尔操作时，3ds Max 会显示"材质附加选项"对话框。此对话框提供了 5 种方法来处理生成的布尔对象的材质和材质 ID，如图 6-15 所示。

匹配材质 ID 到材质：使布尔对象的 ID 数目与操作对象之间的材质数目相匹配。

匹配材质到材质 ID：保留操作对象的 ID 数目不变，布尔对象与操作对象的 ID 数目相匹配。

不修改材质 ID 或材质：如果对象中的材质 ID 数目大于在多维／子对象材质中子材质的数目，那么得到的指定面材质在布尔操作后可能会发生改变。

丢弃新操作对象材质：丢弃指定于操作对象 B 的材质，将对布尔对象指定操作对象 A 的材质。

丢弃原材质：丢弃指定于操作对象 A 的材质，对布尔对象指定操作对象 B 的材质。

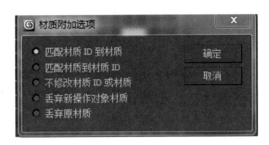

图 6-15　"材质附加选项"对话框

提示：在比较复杂的场景中，使用"选择物体"工具往往无法正确地选择到所要的对象，使选择操作显得十分困难，如果这时使用"按名称选择"工具就轻松多了。

6.1.3　"放样"命令

放样对象是通过一个路径图形组合一个或多个截面图形来创建二维形体，路径图形相似于船的龙骨，而截面图形相似于沿龙骨排列的船肋。它相对于其他复合对象具有更复杂的创建参数，从而可以创建出更为精细的模型。

1．创建放样对象

使用"放样"复合对象建模的方法如下：

（1）创建用于操作的路径图形和截面图形，如图 6-16 所示。

（2）选择路径图形，在"复合对象"创建面板的"对象类型"卷展栏中单击"放样"命令按钮。

（3）在"创建方法"卷展栏中单击"获取图形"按钮，然后在视图中拾取截面图形，效果如图 6-17 所示。

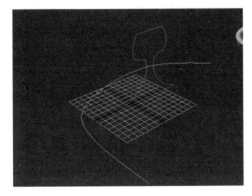

图 6-16　路径图形和截面图形

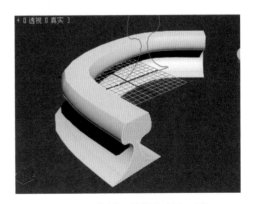

图 6-17　使用"放样"复合对象

读者也可以使用从截面图形开始建立放样对象的方法，该方法与从路径图形开始建立放样对象基本相同。若使用该方法，只需在步骤（3）中单击"创建方法"卷展栏中的"获取路径"按钮，拾取路径图形即可。在了解了放样对象的创建方法和一些基本概念后，接下来介绍放样的一些术语，以帮助读者更好地掌握放样建模方法。

步数：用于描述曲线中每个顶点之间的分段。该数值常用来定义放样对象表面的光滑程度和网格密度，相似于几何体的分段数。图6-18为设置了不同步数的放样模形。

图形（截面图形）：样条线的集合定义型对象，图6-19为一个放样对象中的截面图形。路径图形只能包含一条样条曲线，截面图形可以包含任意数目的样条线，只是路径上的所有截面图形所包含样条曲线的数目必须相等。放样对象中的截面图形和路径图形成为源对象的子层级。

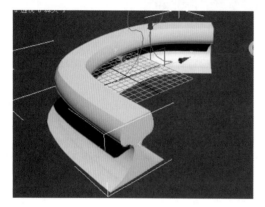 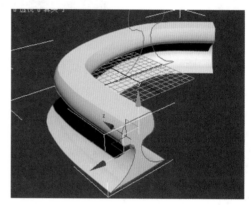

图6-18 不同步数的放样模型　　　　　图6-19 截面图形

路径：定义放样中心的二维图形，可以是开放的样条线，也可以是封闭的样条线，但是样条线不能有交叉点、不能为嵌套型。图6-20为放样对象中的开放路径。

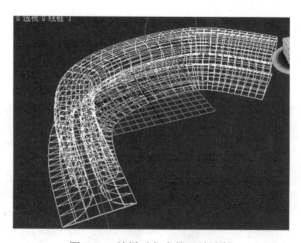

图6-20 放样对象中的开放路径

首顶点：二维图形上的第一个顶点。放样对象过程中的一切运算都将从首顶点开始。当放样对象拥有多个截面图形时，如果截面图形的首顶点不匹配，放样对象将会出现扭曲现象。

2. 使用多个截面图形创建放样对象

在一条路径图形上放置多个截面图形可以创建出复杂的放样对象。使用多个截面图形创建对象的重点是设置不同的路径位置，然后在不同的路径位置上拾取不同的截面图形。

下面介绍使用多个截面图形创建放样的操作步骤：

（1）单击"创建"→"图形"，在"对象类型"中分别选择"圆""星形""线"命令按钮，在视图中创建如图 6-21 所示的 3 个二维图形。

图 6-21　创建路径和截面图形

（2）在视图中选择右侧的线图形，进入"复合对象"创建面板。在该面板的"对象类型"卷展栏中单击"放样"按钮，在"创建方法"卷展栏中单击"获取图形"按钮。

（3）在视图中拾取视图左侧的圆图形，以确定拾取的截面图形位于路径的 0 位置。

（4）在"路径参数"卷展栏的"路径"参数栏中输入 100，再次单击"获取图形"按钮，然后在视图中拾取中间的二维图形，这时拾取的截面图形位于路径 100 的位置。效果如图 6-22 所示。

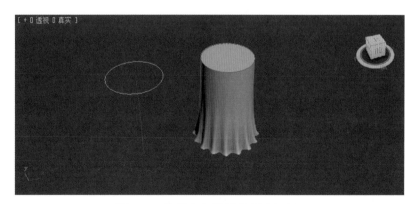

图 6-22　使用多个截面图形创建对象

3. 编辑放样对象

当在场景中已经完成放样对象的创建后，可以进入"修改"面板对其进行编辑。放样对象中的截面图形、路径图形以及表面的光滑处理都是可以编辑的。

"曲面参数"卷展栏：该卷展栏中的参数可以控制放样曲面的光滑以及指定是否沿着放样对象应用纹理贴图坐标，如图 6-23 所示。

"平滑"选项组中的"平滑长度"和"平滑宽度"复选框处于启用状态时，路径方向和截面周长方向会产生平滑曲面效果，如图 6-24 所示。

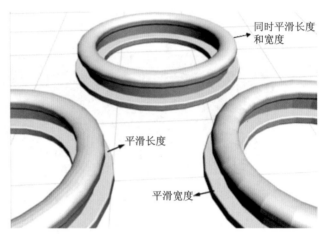

图 6-23 "曲面参数"卷展栏 图 6-24 设置平滑

选择"贴图"选项组中的"应用贴图"复选框，可以为放样对象创建贴图坐标，该坐标会紧随放样对象的路径图形和截面图形，从而使贴图更好地适应对象。"长度重复"和"宽度重复"参数控制贴图在路径图形和截面图形方向的重复次数。

"材质"选项组中的两个复选框用来控制对象的材质 ID。"输出"选项组中的"面片"和"网格"单选按钮用于确定输出的类型。

"路径参数"卷展栏：使用"路径参数"卷展栏可以控制沿着放样对象路径在各个间隔期间的图形位置，如图 6-25 所示。

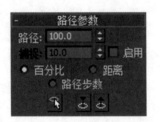

图 6-25 "路径参数"卷展栏

路径：用来设置截面图形在路径上的百分比。图 6-26 为在路径的不同位置插入不同形状的图形。当选择"启用"复选框时，"捕捉"参数处于可调整状态。

捕捉：用来设置沿着路径图形之间的恒定距离。"百分比""距离"和"路径步数"单选按钮为 3 种控制路径的计算方式。

"蒙皮参数"卷展栏：该卷展栏中参数用于调整放样对象网格的复杂性和对象表面的显示，如图 6-27 所示。

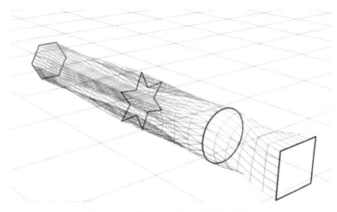

图 6-26　路径不同位置的截面图形

图 6-27　"蒙皮参数"卷展栏

　　封口始端 / 封口末端：启用这两个复选框后，将对路径第一个顶点和最后一个顶点处的放样端进行封口。图 6-28 为禁用和启用封口时的放样模型。

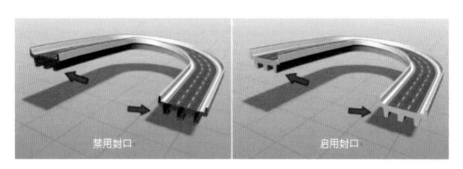

图 6-28　禁用和启用封口时的放样模型

"选项"选项组中的"图形步数"和"路径步数"用来设置横截面图形和路径图形曲线中每个顶点之间的分段，如图 6-29 所示。

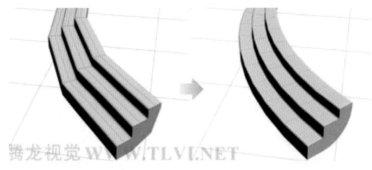

图 6-29　增加"图形步数"和"路径步数"参数效果

优化图形：设置截面图形上的分段数。图 6-30 为启用和禁用"优化图形"时的放样对象。

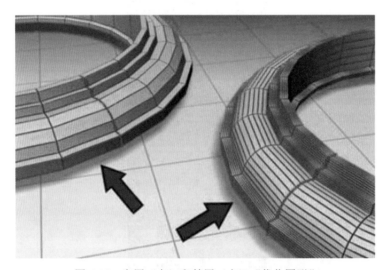

图 6-30　启用（左）和禁用（右）"优化图形"

优化路径：设置路径图形上的分段，该项仅在"路径步数"模式下才可用。禁用"优化路径"时，放样路线使用更多步数；启用"优化路径"时，放样路线的直线部分无需更多步数。

自适应路径步数：启用该复选框后，将分析放样并调整路径分段的数目，以生成最佳蒙皮。

轮廓：如果启用该复选框，则每个图形都将遵循路径的曲率，每个图形的正 Z 轴与形状层级中路径的切线对齐；如果禁用，则图形保持平行，且与放置在层级 0 中的图形保持相同的方向。

倾斜：启用该复选框后，则只要路径弯曲并改变其局部 Z 轴的高度，图形便围绕路径旋转；如果禁用，则图形在穿越 3D 路径时不会围绕其 Z 轴旋转。如图 6-31 所示为启用"倾斜"复选框时的放样模型。

恒定横截面：启用该复选框，可以在路径中的拐角处缩放横截面，以保持路径宽度一致。

线性插值：该复选框用来控制截面图形之间生成的蒙皮类型。图6-32为禁用和启用该复选框时的放样对象。

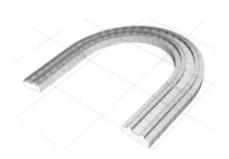
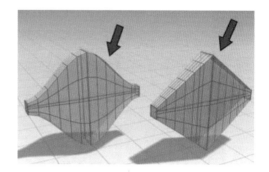

图6-31　启用"倾斜"复选框时的效果　　　图6-32　禁用和启用"线性插值"复选框

翻转法线：该复选框可以使用法线翻转的方法来修正内部外翻的对象。

"显示"选项组用来控制放样对象在视图上的显示。

蒙皮：启用该复选框，则使用任意着色层在所有视图中显示放样的蒙皮，并忽略"着色视图中的蒙皮"设置；如果禁用，则只显示放样子对象。

明暗处理视图中的蒙皮：启用该复选框，则忽略"蒙皮"设置，在明暗处理视图中显示放样的蒙皮；如果禁用，则根据"蒙皮"设置来控制蒙皮的显示。

4. 使用变形曲线

使用变形曲线命令可以改变放样对象在路径上不同位置的形态。3ds Max中有5种变形曲线，分别为"缩放""扭曲""倾斜""倒角""拟合"。所有的编辑都是针对截面图形的，截面图形上带有控制点的线条代表沿路径方向的变形。在"变形"卷展栏中可以看到这5个变形曲线的命令按钮，在每个命令按钮的右侧都有一个 激活/不激活按钮，用于切换是否应用变形的结果，并且只有该按钮处于激活状态，变形曲线才会影响对象的外形。图6-33为"变形"卷展栏。

图6-33　"变形"卷展栏

提示：通过"修改"面板的"变形"卷展栏，可以访问放样变形曲线。"变形"在"创建"面板上不可用，必须在放样之后进入"修改"面板才能访问"变形"卷展栏。

（1）"缩放"变形曲线

"缩放"变形曲线能够改变放样对象 X 轴和 Y 轴的比例因子，并且缩放的基点总是在路径上。下面通过瓶子实例介绍"缩放"变形的使用方法。

1）在视图中创建一条直线和一个圆，然后将圆沿直线路径进行放样，完成后的放样模型如图 6-34 所示。

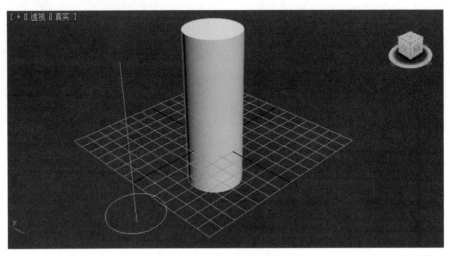

图 6-34　创建放样模型

2）选择新创建的放样对象，进入"修改"面板。单击"变形"卷展栏中的"缩放"按钮，打开"缩放变形"对话框。

3）在"缩放变形"对话框顶点工具栏上单击"插入角点"按钮，在变形曲线上通过单击的方式添加 5 个控制点，右击结束插入角点操作。

4）通过在选择控制点上右击，转换控制点的属性，然后调整控制点，效果如图 6-35 所示。

图 6-35　调整缩放曲线

5）完成后的瓶子造型如图 6-36 所示。

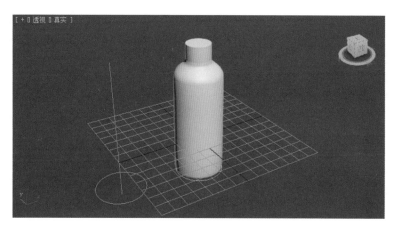

图 6-36　调整后的造型

（2）"扭曲"变形曲线

"扭曲"变形曲线可以沿着路径方向旋转截面图形，从而产生盘旋或扭曲效果。变形曲线处于 0 位置上，当向正值方向拖动控制点时，截面图形呈逆时针旋转；当向负值方向拖动控制点时，截面图形将呈顺时针旋转。图 6-37 为使用扭曲变形制作的模型。

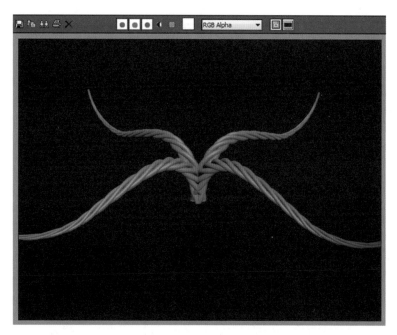

图 6-37　使用"扭曲"变形

（3）"倾斜"变形曲线

"倾斜"变形曲线围绕局部 X 轴和 Y 轴旋转截面图形。该命令常用来辅助与路径有偏移的图形生成其他方法难以创建的对象，效果如图 6-38 所示。

（4）"倒角"变形曲线

"倒角"变形曲线用来为放样对象添加倒角效果，该变形曲线相似于"倒角"修改器，但是"倒角"变形曲线可以产生比"倒角"修改器更丰富的效果，如图 6-39 所示。

图 6-38　使用"倾斜"变形

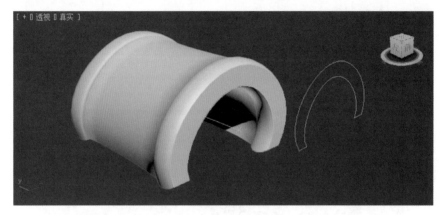

图 6-39　使用"倒角"变形

（5）"拟合"变形曲线

"拟合"变形曲线通过定义对象在顶视图、前视图和侧视图的轮廓线，即可创建出合适的三维对象。该曲线通常用来创建电话、球拍、鼠标等模型，如图 6-40 所示。

图 6-40　使用"拟合"变形

5．放样对象子层级的编辑

当放样对象创建结束后，对对象的外形仍不满意时，可以进入放样对象的子层级对外形进行编辑。放样对象的子层级编辑工作需要在"修改"面板中进行，单击"修改"面板堆栈栏中的 Loft 选项左侧的展开符号，在层级选项中选择"图形"或"路径"选项就可以进入子层级的编辑模式，如图 6-41 所示。

在堆栈栏中选择"图形"选项后，进入截面图形子层级编辑状态，可以对截面图形进行变换和对齐截面等操作。如果路径上放置了多个截面图形，常需要比较截面图形的位置、以及方向或顶点是否对齐。3ds Max 提供了"图形命令"卷展栏供读者进行设置，如图 6-42 所示。

图 6-41　放样子层级

图 6-42　"图形命令"卷展栏

路径级别：用于设置截面图形在路径上的位置。

重置：单击"重置"按钮可以撤销使用"选择并移动"和"选择并缩放"工具执行的图形旋转和缩放操作。

删除：用于从放样对象中删除截面图形。

比较：单击该按钮，打开"比较"对话框。该对话框可以比较任何数量的截面图形，并为确保首顶点正确对齐，使放样对象避免扭曲变形现象。"拾取图形"按钮用于选择选定放样对象中截面图形，使其添加到"比较"对话框中。单击"重置"按钮可以从对话框中移除所有图形。

使用"对齐"选项组中的"居中""默认""左""右""顶""底"6 个按钮可针对路径对齐选定图形。"输出"选项组中的"输出"按钮可以将选择的截面图形作为独立的对象放置在场景中。

选择堆栈栏中的"路径"选项，将进入"路径"子对象编辑状态。该项子对象只能进行沿 Z 轴旋转操作。

路径命令：该卷展栏"输出"选项组中的"输出"按钮可以将路径作为独立的对象放置在场景中。单击"输出"按钮，会打开"输出到场景"对话框，单击"确定"按钮完成输出操作。

6.1.4　实例——色子的制作

本实例主要是使用几何体与复合对象中的布尔运算完成一个色子模型的制作。

（1）单击"创建"面板→"几何体"→"扩展基本体"→"切角长方体"按钮，在顶视图中创建一个切角长方体，参数如图 6-43 所示。

（2）单击"创建"面板→"几何体"→"标准基本体"→"球体"按钮，在前视图中创建一个球体，参数如图 6-44 所示。使用"移动"工具在各个视图中调整球体的位置，使其位于切角长方体表面，效果如图 6-45 所示。

图 6-43　切角长方体参数

图 6-44　球体参数

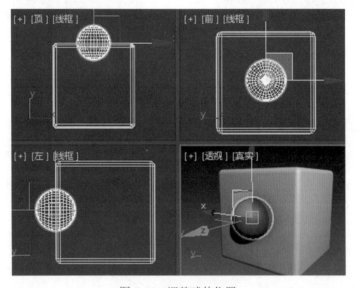

图 6-45　调整球体位置

（3）参照步骤（2）的方法，在切角长方体的不同面上分别制作 2～6 个球体，最终效果如图 6-46 所示。

（4）选择切角长方体，单击"创建"面板→"几何体"→"复合对象"→"ProBoolean"按钮，再单击"开始拾取"按钮，拾取不同面上的球体，效果如图 6-47 所示。至此，色子模型制作完成。

图6-46　制作不同面上的球体

图6-47　色子效果

6.1.5　实例——烟灰缸的制作

本实例主要是使用几何体与复合对象中的布尔运算完成一个烟灰缸模型的制作。

（1）单击"创建"面板→"几何体"→"扩展基本体"→"切角圆柱体"按钮，在顶视图中创建一个切角圆柱体，参数设置如图6-48所示。

（2）单击"选择并移动"按钮，按住Shift键的同时移动切角圆柱体对象，复制切角圆柱体，参数设置如图6-49所示。

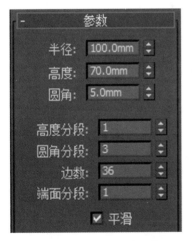

图6-48　切角圆柱体参数

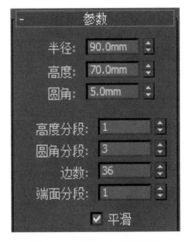

图6-49　复制对象的参数

（3）单击"选择并移动"按钮，在各个视图中移动，调整位置如图6-50所示。

（4）选定外部切角圆柱体，单击"复合对象"→"布尔"按钮，执行布尔"差集（A-B）"运算，单击"拾取操作对象B"按钮选择小圆柱体，如图6-51所示。

（5）单击"创建"面板→"几何体"→"扩展基本体"→"切角长方体"按钮，在顶视图中创建一个切角长方体，参数设置如图6-52所示。

（6）单击"选择并移动"按钮，在各个视图中移动，调整位置如图6-53所示。

（7）单击"层次"→"轴"→"仅影响轴"按钮，再单击"选择并移动"按钮，将"切角长方体"的轴心移到"切角圆柱体"的中心，如图6-54所示。

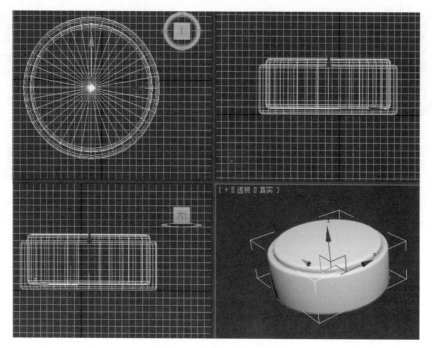

图 6-50 调整对象位置

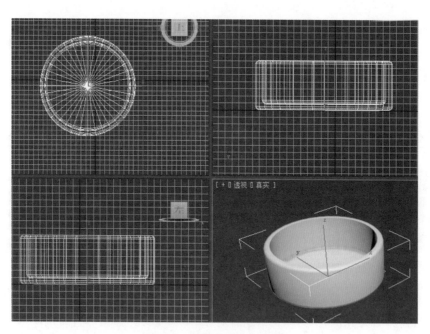

图 6-51 执行差集布尔运算

（8）单击"工具"→"阵列"命令，在弹出的"阵列"对话框中设置 Z 轴的"旋转"增量为 120，"对象类型"选项组中勾选"复制"，"阵列维度"选项组中设置 1D 数量为 3，如图 6-55 所示。

（9）单击"预览"按钮，确定无误后单击"确定"按钮，通过阵列旋转并复制切角长方体，如图 6-56 所示。

图 6-52 切角长方体参数

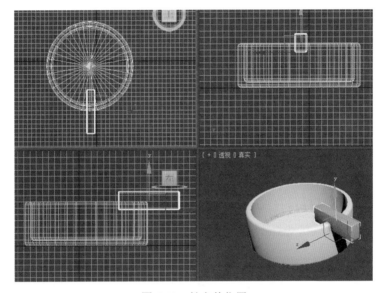

图 6-53 长方体位置

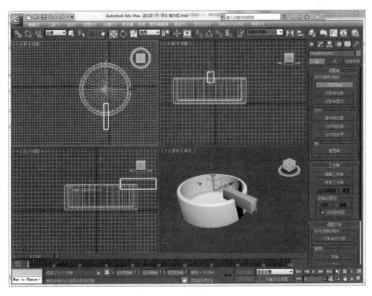

图 6-54 调整轴中心

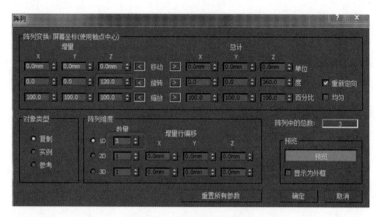

图 6-55　阵列参数设置

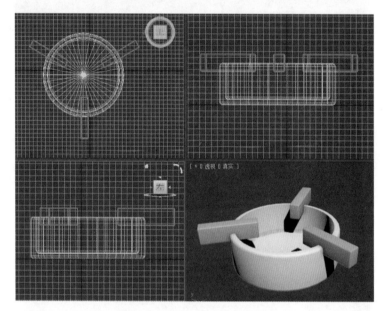

图 6-56　阵列 3 个切角长方体

（10）选中任一切角长方体，单击"创建"面板→"几何体"→"复合对象"→"布尔"
按钮，执行两次布尔"并集"运算，如图 6-57 所示。

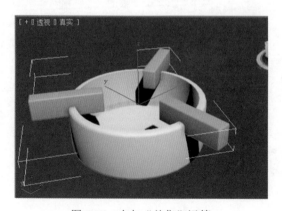

图 6-57　布尔"并集"运算

（11）选中圆柱体，再次单击"布尔"按钮，执行布尔"差集（A-B）"运算，减去三个长方体部分，如图6-58所示。至此，烟灰缸模型制作完成。

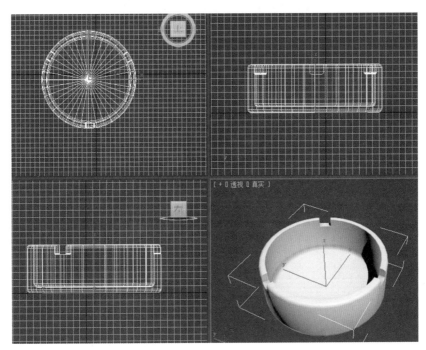

图6-58　布尔"差集（A-B）"运算

6.1.6　实例——香蕉的制作

本实例主要是使用二维图形与复合对象中的放样命令完成一个烟灰缸模型的制作。

（1）单击"创建"面板→"图形"→"样条线"→"线"按钮，在前视图中创建一条线段，如图6-59所示。

（2）单击"创建"面板→"图形"→"样条线"→"多边形"按钮，设置边数为5，在左视图中创建一个五边形，使用"旋转"工具调整其角度，效果如图6-60所示。

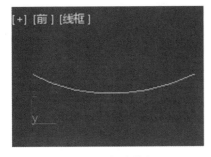

图6-59　创建线段

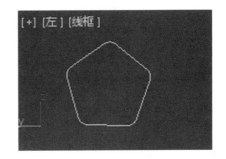

图6-60　创建五边形

（3）选择线段，单击"创建"面板→"几何体"→"复合对象"→"放样"命令，再单击"获取图形"按钮，在视图中拾取五边形，效果如图6-61所示。

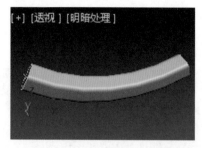

图 6-61　放样效果

（4）单击"修改"面板→"变形"卷展栏中的"缩放"按钮，在弹出的"缩放变形"对话框中单击"插入焦点"按钮 ，在直线上插入控制点，再使用"移动控制点"按钮 调整控制点位置、弧度，效果如图 6-62 所示。至此，香蕉模型制作完成，效果如图 6-63 所示。

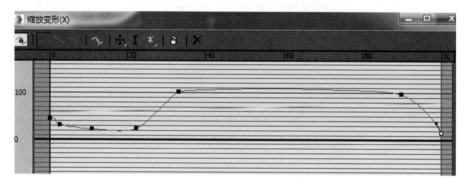

图 6-62　设置缩放变形效果

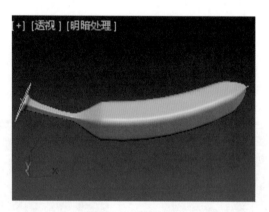

图 6-63　香蕉效果

6.1.7　实例——牙膏的制作

本实例主要是使用二维图形与复合对象中的放样命令完成一个烟灰缸模型的制作。

（1）单击"创建"面板→"图形"→"样条线"→"线"按钮，在前视图中创建一条直线，如图 6-64 所示。

（2）单击"创建"面板→"图形"→"样条线"→"圆"按钮，在左视图中创建一个圆，如图6-65所示。

图6-64 创建直线

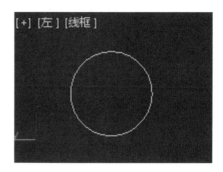

图6-65 创建圆

（3）选择直线，单击"创建"面板→"几何体"→"复合对象"→"放样"命令，再单击"获取图形"按钮，在视图中拾取圆，效果如图6-66所示。

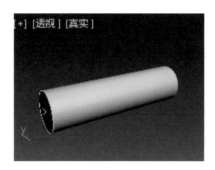

图6-66 放样效果

（4）单击"修改"面板→"变形"卷展栏中的"缩放"按钮，在弹出的"缩放变形"对话框中单击"插入焦点"按钮，在直线上插入控制点，再使用"移动控制点"按钮调整开始部分控制点位置，如图6-67所示。单击"均衡"按钮，取消X、Y轴锁定。单击"显示X轴"按钮，调整X轴尾端的缩放变形，如图6-68所示。牙膏主体部分制作完成，效果如图6-69所示。

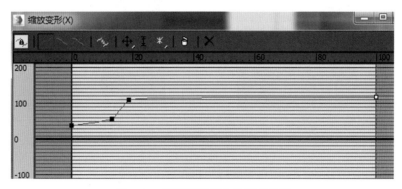

图6-67 调整开始部分控制点位置

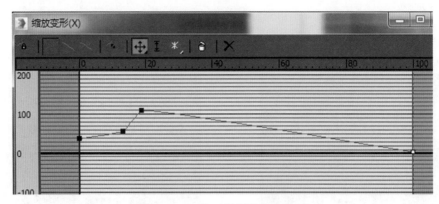

图 6-68　调整 X 轴尾端缩放变形

（5）单击"创建"面板→"图形"→"样条线"→"线"按钮，在前视图中创建一条直线，如图 6-70 所示。

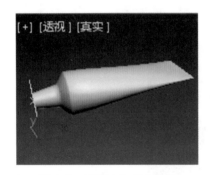

图 6-69　牙膏主体部分效果

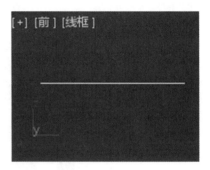

图 6-70　创建直线

（6）单击"创建"面板→"图形"→"样条线"→"星形"按钮，在左视图中创建一个星形，设置星形的点数与圆角半径，效果如图 6-71 所示。

（7）选择直线，单击"创建"面板→"几何体"→"复合对象"→"放样"命令，再单击"获取图形"按钮，在视图中拾取星形，效果如图 6-72 所示。

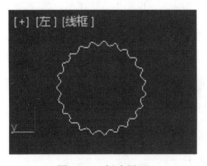

图 6-71　创建星形

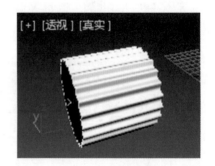

图 6-72　放样效果

（8）单击"修改"面板→"变形"卷展栏中的"缩放"按钮，在弹出的"缩放变形"对话框中调整开始部分控制点位置，如图 6-73 所示。牙膏帽部分制作完成，效果如图 6-74 所示。

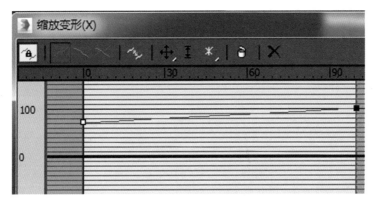

图 6-73　调整控制点位置

（9）使用"移动"工具在各个视图中调整牙膏帽位置，使其放置在牙膏主体前端。至此，牙膏模型制作完成，效果如图 6-75 所示。

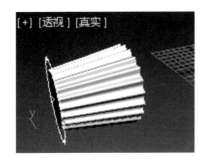

图 6-74　缩放变形效果

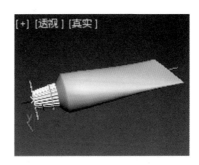

图 6-75　牙膏模型

6.2　可编辑多边形建模

多边形建模是一种常见的建模方式。首先使一个对象转化为可编辑的多边形对象，然后通过对该多边形对象的各种子对象进行编辑和修改来实现建模过程。对于可编辑多边形对象，它包含节点、边界、边界环、多边形面、元素 5 种子对象模式，多边形对象的面不只可以是三角形面和四边形面，而且可以是具有任何多个节点的多边形面。

多边形建模将面的子层级定义为多边形，无论被编辑的面有多少条边界，都被定义为一个独立的面。这样，多边形建模在对面的子层级进行编辑时，可以将任何面定义为一个独立的子层级进行编辑。

另外，多边形建模中的平滑功能，可以很容易地对多边形对象进行光滑和细化处理。多边形建模的这些特点，大大方便了用户的建模工作，使多边形建模成为创建低级模型时首选的建模方法。

6.2.1　创建可编辑多边形

在 3ds Max 中，有 3 种将对象塌陷为可编辑多边形对象的方法。

（1）在视图中选择对象并右击，在弹出的快捷菜单中选择"转换为"→"转换为可编辑多边形"选项，该对象被塌陷为多边形对象，如图6-76所示。

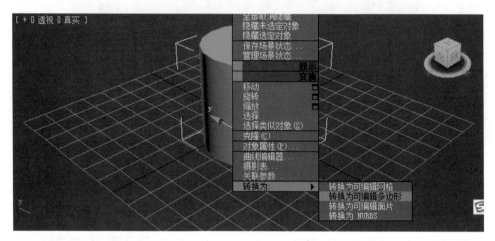

图6-76　在视图中塌陷对象

（2）选择要塌陷的对象后，进入"修改"面板，在修改堆栈层列表中右击，在弹出的快捷菜单中选择"可编辑多边形"选项，该对象被塌陷为多边形对象，如图6-77所示。

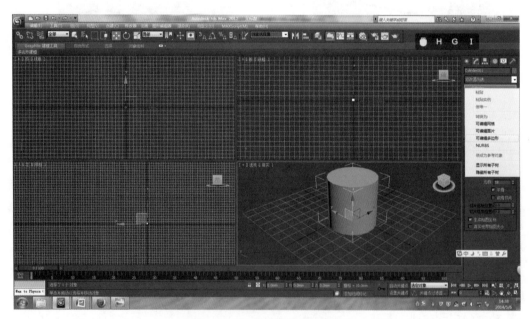

图6-77　在堆栈栏中塌陷对象

（3）选择对象后，进入"修改"面板，从该面板内的修改器列表中选择"编辑多边形"选项，为对象添加"编辑多边形"修改器。然后单击图标 进入"应用程序"命令面板，在该面板中单击"塌陷"按钮，接着在"塌陷"卷展栏中设置输出类型为"修改器堆栈结果"，单击"塌陷选定对象"按钮；或者直接在修改堆栈层列表中右击，从弹出的菜单中选择"塌陷全部"选项，即可将选择的对象塌陷为多边形对象，如图6-78所示。

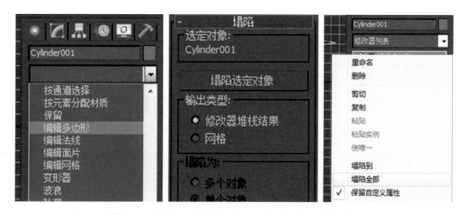

图 6-78　添加"编辑多边形"修改器并塌陷对象

6.2.2　多边形对象的公共命令

在本节中，将为读者介绍一些针对多边形对象整体编辑的命令，包括选择命令、细分表面命令等。

1. 多边形编辑模式

为对象添加"编辑多边形"修改器后，就可以对多边形对象进行编辑。在 3ds Max 中，多边形有两种编辑模式，分别为标准模式和动画模式，可以在"编辑多边形模式"卷展栏内对编辑模式进行选择，图 6-79 为"编辑多边形模式"卷展栏。

注意：只有在为对象添加了"编辑多边形"修改器之后，才可看到"编辑多边形模式"卷展栏，如果将对象塌陷为多边形对象，是找不到"编辑多边形模式"卷展栏的，这是"编辑多边形"修改器所特有的。

模型：选择该单选按钮后，进入标准编辑模式，用于使用"编辑多边形"功能建模，该选项为默认选项。

动画：选择该单选按钮后，进入动画编辑模式，用于使用"编辑多边形"功能设置动画。

提交：当选择子层级执行某项命令后，该按钮处于可编辑状态。在模型模式下，使用"设置"对话框接受任何更改和关闭对话框（与对话框上的"确定"按钮相同）。在动画模式下，冻结已设置动画的选择在当前帧的状态，然后关闭对话框。会丢失所有现有关键帧。

设置：可打开当前命令的"设置"对话框，对当前命令参数进行编辑。

取消：取消最近使用的命令。

2. "选择"卷展栏

选择一个多边形对象后，进入"修改"面板，在"选择"卷展栏下列出了有关子层级选择的命令，如图 6-80 所示。

按顶点：启用该复选框时，只有通过选择所用的顶点，才能选择子对象。单击顶点时，将选择使用该选定顶点的所有子对象。

忽略背面：启用该复选框后，在选择子层级时，不会对模型背面的子层级产生影响。

按角度：启用并选择某个多边形时，该软件也可以根据复选框右侧的角度设置选择邻近的多边形。该值可以确定要选择的邻近多边形之间的最大角度。例如，如果单击长方体的一个侧面，且角度值小于 90.0，则仅选择该侧面，因为所有侧面相互成 90 度角。但如果角度值为 90.0 或更大，将选择长方体的所有侧面。

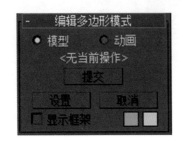

图 6-79 "编辑多边形模式"卷展栏　　　　图 6-80 "选择"卷展栏

收缩：通过取消选择最外部的子对象缩小子对象的选择区域，如果无法再减小选择区域的大小，将会取消选择其余的子对象。

扩大：该命令的功能与收缩命令功能相反，选择子层级后，单击"扩大"按钮，选择范围将朝所有可用方向外侧扩展选择区域。

环形：通过选择与选定边平行的所有边来扩展边选择。选择子层级后，单击"环形"按钮，所有与所选子层级平行的子层级都将被选择，该命令仅适用于边和边界选择。

环形平移：单击右侧的旋钮后，会移动选择边到它临近平行边的位置。单击上箭头和下箭头分别出现不同的效果。

提示：结合 Ctrl+ 键，可在原选择区域的基础之上扩充选择；结合 Alt+ 键，可在原选择区域的基础之上收缩选择。

循环：尽可能扩大选择区域,使其与选定的边对齐。选择子层级后,单击"循环"按钮,将沿被选择的子层级形成一个环形的选择集,"循环"仅适用于边和边界选择,且只能通过 4 路交点进行传播。

循环平移：单击右侧的旋钮后，会移动选择边到与它临近对齐边的位置。单击上箭头和下箭头分别会出现不同效果。

3. "软选择"卷展栏

在"编辑多边形"修改器中，"软选择"卷展栏下增加了"绘制软选择"选项组，如图 6-81 所示。通过该选项组内的命令，可以通过手工绘制的方法设定选择区域，大大提高了选择子层级的灵活性，"绘制软选择"命令还可以与"软选择"命令配合使用，得到更好的渲染效果。

当选择"软选择"卷展栏下的"使用软选择"复选框后,将启用"软选择"命令和"绘制软选择"命令。

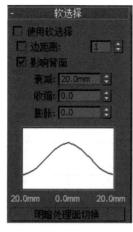

图 6-81　"软选择"卷展栏

绘制：可以在使用当前设置的活动对象上绘制软选择。单击"绘制"按钮，然后在在对象曲面上拖动鼠标以绘制选择区域。

模糊：可以通过绘制来软化现有绘制软选择的轮廓。单击该按钮，然后通过手工绘制方法对选择的轮廓进行柔化处理，以达到平滑选择的效果。

复原：单击该按钮后，通过手工绘制方法复原当前的软选择，其作用类似于橡皮。

选择值：绘制的或还原的软选择的最大相对选择程度。

笔刷大小：用以设置绘制选择的圆形笔刷的半径。

笔刷强度：设置绘制软选择的笔刷的影响力度。高的强度值可以快速地达到完全值，而低的强度值需要重复应用才可以达到完全值。

笔刷选项：单击该按钮可打开"绘制选项"对话框，在该对话框中可自定义笔刷的形状、镜像、压力灵敏度设置等相关属性。

4. "编辑几何体"卷展栏

在任意一个子对象层级下，命令面板中都会出现"编辑几何体"卷展栏，该卷展栏中包含可以在大多数子对象层级和对象层级使用的功能，也有一些命令参数是针对不同层级而使用的，如图 6-82 所示。下面对该卷展栏中的具体命令参数进行讲解。

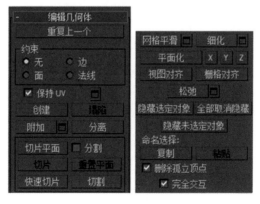

图 6-82　"编辑几何体"卷展栏

重复上一个：重复最近使用的命令。例如，如果挤出某个多边形，并要对几个其他边界应用相同的挤出效果，可选择其他多边形，然后单击该按钮即可。如图 6-83 所示，图 a 为对单一表面应用"重复上一个"命令后的效果；图 b 为选择连续的多边形表面应用"重复上一个"命令后的效果；图 c 为选择不连续表面应用"重复上一个"命令后的效果。

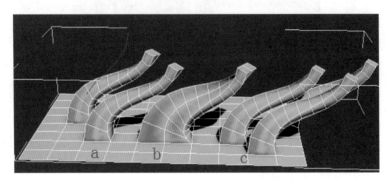

图 6-83　应用"重复上一个"命令

约束：可以使用现有的几何体约束子对象的变换。例如，进入几何体对象的"顶点"子层级，选择要进行约束的顶点，在"约束"选项组中选择"无"，选择点可以在任意方向进行变换；选择"边"时，选择点只能沿着临近的边进行移动；选择"面"时，选择顶点只能在多边形的曲面上进行移动。

提示："约束"命令适用于所有子对象层级。

保持 UV：通常情况下，对象的几何体与其 UV 贴图之间始终存在直接对应关系，如果为一个对象添加贴图，然后移动了子对象，那么不管需要与否，纹理都会随着子对象移动。此时，如果启用了"保持 UV"复选框，可以编辑子对象，而不影响对象的 UV 贴图。

■设置：单击该按钮将打开"保持贴图通道"对话框，当"保持 UV"复选框启用后，可以使用该对话框中的设置来指定要保持的顶点颜色通道和纹理通道（贴图通道），如图 6-84 所示。默认情况下，所有顶点颜色通道都处于禁用状态（未保持），而所有的纹理通道都处于启用状态（保持）。

在该对话框中包含了所有可用的顶点颜色通道和纹理通道的按钮。显示这些按钮的编号和类型因对象的状态而异，可以使用"顶点绘制"和"通道信息"工具对这些按钮进行更改。

顶点颜色通道：显示包含数据的任何顶点颜色通道的按钮。这些按钮可以是"顶点颜色""顶点照明""顶点 Alpha"。默认情况下，所有顶点颜色按钮处于禁用状态。

纹理通道：显示包含数据的任何纹理（贴图）通道的按钮。这些按钮按编号识别。默认情况下，这些按钮处于启用状态

全部重置：将所有通道按钮返回到它们的默认状态，即所有顶点颜色通道处于禁用状态，而所有纹理通道处于启用状态。

创建：可建立新的单个顶点、边、多边形和元素。

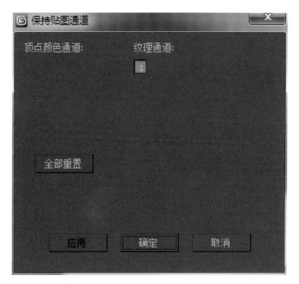

图 6-84 "保持贴图通道"对话框

塌陷：将选择的顶点、线、边界和多边形删除，留下一个顶点与四周的面连接，产生新的表面。如图 6-85 所示，将长方体的顶面塌陷后的效果。

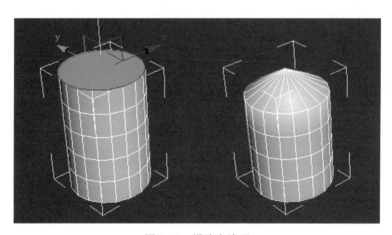

图 6-85 塌陷多边形

附加：用于将场景中的其他对象附加到选定的可编辑多边形中。可以附加任何类型的对象，包括可编辑网格、样条线、面片对象和 NURBS 对象。单击该按钮后，在视图中拾取其他对象，即可将其他对象附加到原对象中。单击该按钮右侧的"设置"按钮■，会弹出"附加列表"对话框，可以方便用户一次附加多个对象。

分离：将当前选择的子对象分离出去，成为一个独立的新对象。选择要分离的子对象后，单击该按钮，将打开"分离"对话框，如图 6-86 所示。

分离为：设置分离对象名称。

分离到元素：选择该复选框后，会将分离的对象作为多边形对象的一个"元素"子对象存在。

分离为克隆：选择该复选框后，可以复制选择的子对象，但不能将其分离。

图 6-86 "分离"对话框

切片平面：单击该按钮后，可以在需要对边执行切片操作的位置处定位和旋转的切片平面创建 Gizmo，如图 6-87 所示。

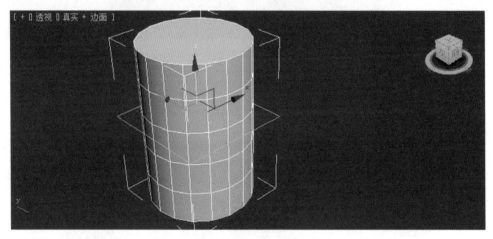

图 6-87 创建 Gizmo

分割：选择该复选框后，在进行切片或剪切操作时，会在划分边的位置处的点创建两个顶点集。这样，便可轻松地删除要创建孔洞的新多边形，还可以将新多边形作为单独的元素设置动画。

切片：只有在启用"切片平面"按钮后，该按钮才处于激活状态。单击该按钮，将在切片平面位置处进行切片操作。

重置平面：该按钮只有在启用了"切片平面"按钮后才可用。单击该按钮后，会将切片平面恢复到默认的位置和方向。

快速切片：不通过切片平面对对象进行快速剪切。单击该按钮后，在多边形对象切片的起始点单击，接着移动鼠标至终点处单击，会自动沿着起点和终点的方向对对象进行剪切，如图 6-88 所示。单击该按钮后，可连续对对象进行切片操作，再次单击该按钮或在视图中右击可结束操作。

切割：通过在边上添加点来细分子对象，从而创建出边，或者在多边形内创建边。单击该按钮，然后在需要细分的边上单击，移动鼠标再次单击，再次移动鼠标第三次单击，以便创建出新的连接边，如图 6-89 所示。右击鼠标退出当前切割操作，然后可以开始新的切割，或者再次右击退出"切割"命令。

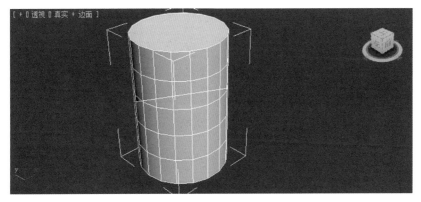

图 6-88　快速切片

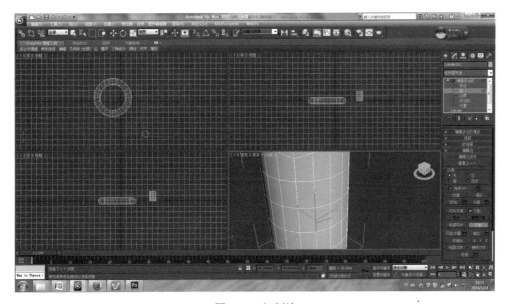

图 6-89　切割边

网格平滑：使用当前的平滑设置对选择子对象进行平滑处理。单击该按钮右侧的"设置"按钮■，将打开"网格平滑"对话框，如图 6-90 所示。

■ 1.0 平滑度：确定新增多边形与原多边形之间的平滑度。如果值为 0.0，将不会创建任何多边形；如果值为 1.0，即便位于同一个平面也会向所有顶点中添加多边形。

■平滑组：避免平滑群组在分离边上创建新面。

■材质：避免具有分离的材质 ID 号的边的新面建立。

细化：对选择的子对象进行细化处理。在增加局部网格密度时，可使用该功能。单击该按钮右侧的"设置"按钮，可打开"细化选择"对话框，如图 6-91 所示。

■类型：提供两种细化方法。"边"：在每个边的中间插入顶点，然后绘制与这些顶点连接的线，创建的多边形数等同于原始多边形的侧数。"面"：将顶点添加到每个多边形的中心，然后绘制将该顶点与原始顶点连接的线，创建的多边形数等同于原始多边形的侧数。

图6-90　"网格平滑"对话框

图6-91　"细化选择"对话框

张力：用于增加或减少"边"的张力值，仅当"类型：边"处于活动状态时可用。负值将从其平面向内拉顶点，以便生成凹面效果；如果值为正，将会从其所在平面处向外拉动顶点，从而产生凸面效果。

平面化：强制所有选择的多边形成为共面。选择要成为共面的多边形，单击该按钮即可，如图6-92所示。X\Y\Z：平面化选定的多边形，并使该平面与对象的局部坐标系中的相应平面对齐。例如，使用的平面是与按钮轴相垂直的平面，因此，单击X按钮时，可以使多边形与局部Y、Z轴对齐。

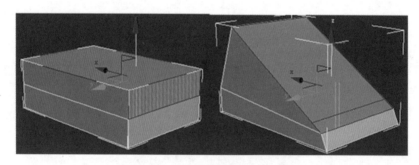

图6-92　将选择多边形成为共面

视图对齐：使选定多边形与当前视图所在的平面对齐。

栅格对齐：单击该按钮后，选择的子对象被放置在同一平面内，并且这一平面与活动视图的栅格平行。

松弛：朝着邻近对象的平均位置移动每个顶点，以规格化网格空间。该命令类似于"松弛"修改器。单击该按钮右侧的"设置"按钮，打开"松弛"对话框，如图6-93所示。

图6-93　"松弛"对话框

数量：控制移动每个迭代次数的顶点程度。该值指定从顶点原始位置到其相邻顶点平均位置的距离的百分比，范围为 -1.0 至 1.0。

迭代次数：设置重复"松弛"过程的次数。针对每个迭代次数，将重新计算平均位置，然后将"松弛值"重新应用于每个顶点。

保留边界点：控制是否移动开放网格边上的顶点，默认设置为启用状态（不移动）。

保留外界点：启用该复选框后，保留距离对象中心最远的顶点的原始位置。

隐藏选定对象：隐藏选定的所有子对象。

全部取消隐藏：将隐藏的所有子对象在视图内显示。

隐藏未选定对象：将没有选择的子对象隐藏。

命名选择：用于复制和粘贴对象之间的子对象的命名选择集。首先，创建一个或多个命名选择集，复制其中一个，选择其他对象，并转到相同的子对象层级，然后粘贴该选择集。

复制：单击该按钮会打开"复制命名选择"对话框。在该对话框中可以指定要放置在复制缓冲区中的命名选择集。

粘贴：从复制缓冲区中粘贴命名选择集。

删除孤立顶点：启用该复选框后，在删除子对象（除顶点以外的子对象）的同时会删除孤立的顶点；而取消该复选框后，删除子对象后孤立的顶点将会保留。

完全交互：启用该复选框后，在进行切片和剪切操作时，视图中会交互地显示出最终效果；禁用该复选框后，只有在完成当前操作后才显示出最终效果。

在"多边形"和"元素"子对象层级下，还包含了"多边形：材质 ID"和"多边形：平滑组"卷展栏，如图 6-94 所示。接下来对这两个卷展栏中命令选项进行介绍。

"多边形：材质 ID"卷展栏参数如下：

设置 ID：用于向选定的子对象分配特殊的材质 ID 编号，以供"多维 / 子对象"材质使用。

选择 ID：选择与相邻 ID 字段中指定的"材质 ID"对应的子对象。

清除选择：启用该复选框后，如果选择新的 ID 或材质名称，将会取消选择以前选定的所有子对象；禁用该复选框后，会在原有选择内容基础上累积新内容。

"多边形：平滑组"卷展栏参数如下：

按平滑组选择：单击该按钮后，会打开"按平滑组选择"对话框，如图 6-95 所示。在该对话框中可通过单击对应编号按钮选择组，然后单击"确定"按钮，将所有具有当前平滑组号的多边形选择。

清除全部：将对多边形对象中指定的平滑组全部清除。

自动平滑：跟据按钮右侧数值框中所设置的阈值，对多边形表面自动进行平滑处理。

阈值：该数值框可以指定相邻多边形的法线之间的最大角度，值越大，进行平滑处理的表面就越多。

5. "细分曲面"卷展栏

如果当前多边形对象是由塌陷产生的，在"修改"面板内会出现"细分曲面"卷展栏，如果是为对象添加编辑修改器产生的，则不会出现该卷展栏。"细分曲面"卷展栏下的各项命令能够细分对象表面,这样使用户能够使用较少的网格数,观察到只有使用较多的网格才能够实现的平滑的细分结果。但这些命令只能应用于对象的显示和渲染,由细化产生的新的子层级是不能够直接编辑的。该卷展栏既可以在所有子对象层级使用,也可以在多边形对象层级使用。因此,会影响整个对象。图 6-96 为"细分曲面"卷展栏。

图 6-94 "多边形:材质 ID"和"多边
形:平滑组"卷展栏

图 6-95 "按平滑组选择"对话框

6. "细分置换"卷展栏

"细分置换"用于可编辑多边形的细分设置,该卷展栏中的选项只有多边形对象在指定了置换贴图后才产生影响。图 6-97 为"细分置换"卷展栏。

图 6-96 "细分曲面"卷展栏

图 6-97 "细分置换"卷展栏

细分置换:启用该复选框后,可以通过在"细分预设"和"细分方法"选项组中指定的方法和设置,将相关的多边形精确地细分为多边形对象;禁用该复选框后,移动对象的顶点匹配贴图。

分割网格:启用该复选框时,会将多边形对象分割为单个多边形,然后使其发生位移,这有助于保留纹理贴图；禁用该复选框时，会对多边形进行分割，还会使用内部方法分配纹理贴图。

"细分预设"选项组中提供了 3 种快捷类型，分别为低、中、高 3 个精度，可单击这些按钮来选择预设曲线近似值。

"细分方法"选项组可以选择各种细分方法，控制不同的精度分布，使我们在获得相同渲染效果的前提下，使用更少的多边形划分。如果选定的预设值可以提供理想的结果，则不必调整该选项组中的参数。具体参数在此就不再一一讲解。

6.2.3 可编辑多边形子对象

多边形对象共有 5 种子对象类型，分别为"顶点""边""边界""多边形"和"元素"。因为多边形建模是以多边形来定义基础面的，所以在子对象中没有了网格对象中的"面"子对象层级，而取而代之的是"边界"子对象层级。这 5 种子对象如图 6-98 所示。

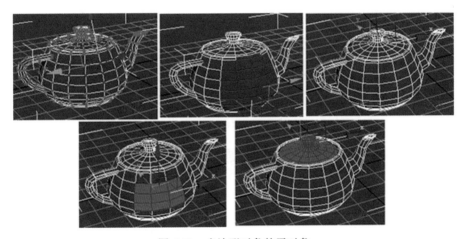

图 6-98　多边形对象的子对象

6.2.4 子对象的编辑

1.　"顶点"子对象编辑

在多边形对象中，顶点是非常重要的，顶点可定义组成多边形的其他子对象的结构。当移动或编辑顶点时，它们形成的几何体也会受影响。顶点也可以独立存在，这些孤立顶点可以用来构建其他几何体，但在渲染时，它们是不可见的。选择一个多边形对象后，进入"修改"面板，在修改器堆栈栏列表中展开可编辑多边形，然后选择"顶点"选项，或在"选择"卷展栏中单击"顶点"按钮，即可进入"顶点"子对象层级，如图 6-99 所示。

在"编辑顶点"卷展栏中包含了用于编辑顶点的一些命令，如图 6-100 所示。

移除：将当前选择的顶点移除，并组合使用这些顶点的多边形。移除顶点和删除顶点是不同的，删除顶点后，与顶点相邻的边界和面会消失，在顶点的位置会形成"空洞"，而执行移除顶点操作仅使顶点消失，不会破坏对象表面的完整性，被移除的顶点周围的点会重新进行结合。图 6-101 为移除顶点和删除顶点后的效果。

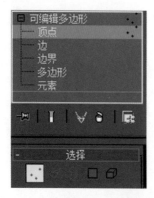

图 6-99　进入"顶点"子对象层级

图 6-100　"编辑顶点"卷展栏

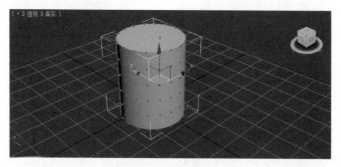

a　选择顶点

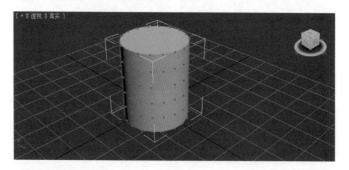

b　移除顶点

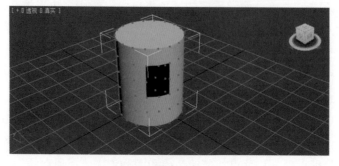

c　删除顶点

图 6-101　移除和删除选择的顶点

提示：按下 Delete 键也可删除选择顶点，不同的是使用 Delete 键在删除选择顶点的同时会将点所在的面一同删除，模型的表面会产生"破洞"；使用 Backspace 键可移除选择顶点，不会删除点所在的表面，但会导致模型的外形改变。

断开：在与选定顶点相连的每个多边形表面上，均创建一个新顶点，这可以使多边形的转角相互分开，使它们不再共享同一顶点，每个多边形表面在此位置都会拥有独立的顶点，如图 6-102 所示。如果顶点是孤立的或者只有一个多边形使用，则顶点不会受影响。

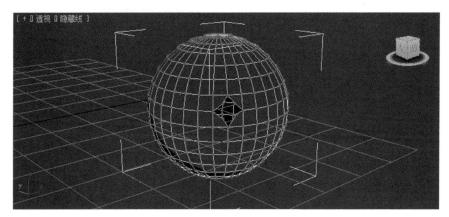

图 6-102　断开顶点

挤出：激活该按钮后，可以在视图中通过手动方式对选择的顶点进行挤出操作。将鼠标移至某个顶点，当鼠标指针变为挤出图标后，垂直拖动鼠标时，可以指定挤出的范围；水平拖动鼠标时，可以设置基本多边形的大小，如图 6-103 所示。选定多个顶点时，拖动任何一个，也会同样地挤出所有选定顶点。当"挤出"按钮处于激活状态时，可以轮流拖动其他顶点，进行挤出操作。再次单击"挤出"按钮或在当前视图中右击，便可结束操作。

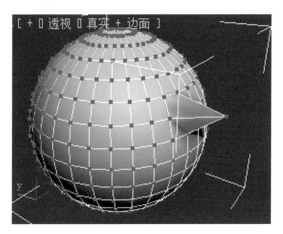

图 6-103　显示挤出的一个顶点和多个顶点

如果需要精确地控制挤出效果，可以单击"挤出"按钮右侧的"设置"按钮，将打开"挤出顶点"对话框，如图 6-104 所示。

焊接：用于顶点之间的焊接操作，在视图中选择需要焊接的顶点后单击该按钮，在阈值范围内的顶点将焊接到一起。如果选择的顶点没有焊接到一起，可单击"焊接"按钮右侧的"设置"按钮■，打开"焊接顶点"对话框，如图 6-105 所示。

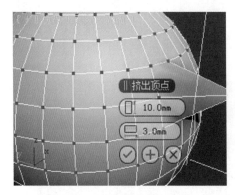

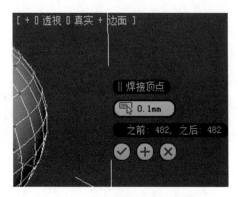

图 6-104 "挤出顶点"对话框

图 6-105 "焊接顶点"对话框

切角：单击该按钮后，在选择的顶点上拖动鼠标，会对其进行切角处理，如图 6-106 所示。单击"切角"按钮右侧的"设置"按钮■，会打开如图 6-107 所示的"切角"对话框，可通过数值框调节切角的大小。

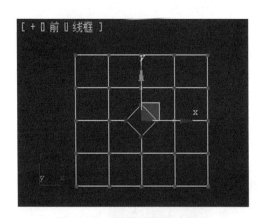

图 6-106 对顶点进行切角操作

图 6-107 "切角"对话框

目标焊接：可以选择一个顶点，并将它焊接到目标顶点。单击该按钮后，将光标移动到要焊接的一个顶点上，单击并拖动鼠标会出现一条虚线，移动到附近其他的顶点时单击鼠标，此时，第一个顶点将会移动到第二个顶点的位置，从而将这两个顶点焊接在一起，如图 6-108 所示。

连接：在一对被选择的顶点之间创建新的边界。选择一对顶点，单击"连接"按钮，顶点间会出现新的边，如图 6-109 所示。

注意：连接不会让新的边交叉。例如，如果选择了四边形的所有四个顶点，然后单击"连接"按钮，那么只有两个顶点会连接起来。

移除孤立顶点：单击该按钮后，将会把所有孤立的顶点删除，不管该顶点是否被选择。

移除未使用的贴图顶点：某些建模操作会留下未使用的（孤立）贴图顶点，它们会显示在"展开 UVW"编辑器中，但是不能用于贴图。可以通过单击该按钮来自动删除这些贴图顶点。

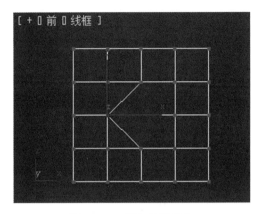

图 6-108　焊接目标顶点

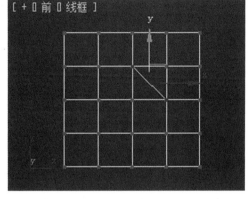

图 6-109　连接顶点

权重：用于设置选择顶点的权重。供 NURMS 细分选项和"网格平滑"修改器使用，可通过该选项调整平滑的效果。

2．"边"子对象编辑

边是连接两个顶点的直线，它可以形成多边形的边。边不能由两个以上多边形共享。当选择一个多边形对象后，进入"修改"面板，在修改器堆栈栏列表中展开可编辑多边形，选择"边"选项，或在"选择"卷展栏下单击"边"按钮，即可进入"边"子对象层级，如图 6-110 所示。

当进入"边"子对象层级后，命令面板中将会出现如图 6-111 所示的"编辑边"卷展栏，在该卷展栏中包含了特定于编辑边的命令。

图 6-110　进入"边"子对象层级

图 6-111　"编辑边"卷展栏

"边"子对象层级的一些命令功能与"顶点"子对象层级的一些命令功能相同，这里不再重复介绍。

插入顶点：用于手动细分可视的边。单击该按钮后，在视图中多边形对象的某条边上单击，可添加任意多的点，右击鼠标或再次单击该按钮可结束当前操作。

移除：可将所选择的边移除。选择一条或多条边后，单击"移除"按钮，所选的边将被移除。

分割：沿着选定边分割网格。该命令只有对分割后的边进行移动时才能看出效果。

挤出：单击该按钮后，在视图中通过手动方式对选择边进行挤出操作。该命令与"顶点"子对象层级下的"挤出"命令作用相同，选择边会沿着法线方向在挤出的同时创建出新的多边形表面，如图 6-112 所示。

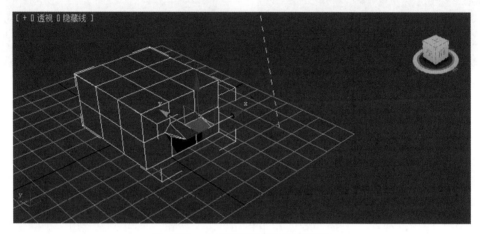

图 6-112　显示挤出边的切角长方体

焊接：对指定阈值范围内的选择边进行焊接。在视图中选择需要焊接的边后，单击该按钮，在阈值范围内的边会焊接到一起，如图 6-113 所示。如果选择的边没有被焊接到一起，可单击右侧的"设置"按钮 ，在弹出的"焊接设置"对话框中增大阈值继续焊接。

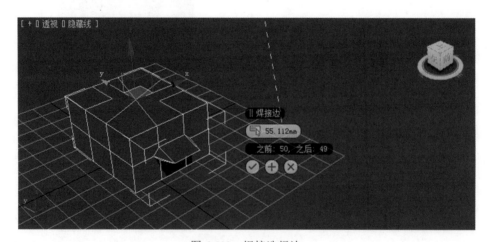

图 6-113　焊接选择边

桥：可创建新的多边形来连接对象中的两条边或选定的多条边。该命令功能类似于编辑边界和编辑多边形中的"桥"工具。

有以下两种方法可以直接手动桥接对象的边。

（1）选择对象中的两个或多个将要进行桥接的边，然后单击"桥"按钮，此时可立即在选择的边界之间创建出多边形桥，如图6-114所示。

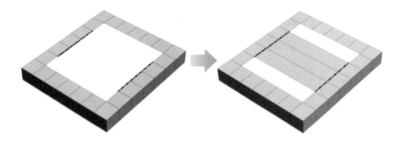

图 6-114　桥接边对象

（2）若没有选择边时，可先单击"桥"按钮使其处于激活状态，然后在视图中选择一条边界，拖动鼠标拉出虚线后再选择另一条边界，此时便可创建出多边形桥，如图6-115所示。但这种方法仅限于一次连接两条边的情况，可以重复使用该方法来创建其他桥。

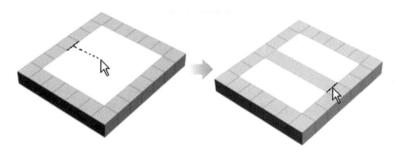

图 6-115　手动桥接边对象

连接：在选定边对象之间创建新边，只能连接同一多边形上的边，连接不会让新的边交叉。如果选择四边形的4个边，然后单击"连接"按钮，则只能连接相邻边，生成菱形图案，如图6-116所示。

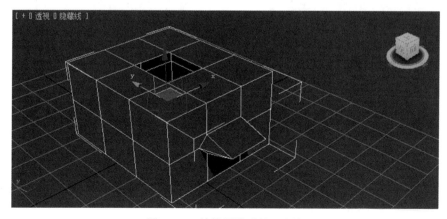

图 6-116　连接四边形的 4 个边

利用所选内容创建图形：选择一个或多个边后，单击该按钮，将通过选定的边创建样条线形状。此时，会打开"创建图形"对话框，如图6-117所示。

图6-117 "创建图形"对话框

3. "边界"子对象编辑

"边界"是网格的线性部分，通常可以描述为孔洞的边缘。它通常是多边形仅位于一面时的边序列。选择一个多边形对象后，进入"修改"面板，在修改器堆栈栏列表内展开可编辑多边形，选择"边界"选项，或在"选择"卷展栏下单击"边界"按钮，即可进入"边界"子对象层级，如图6-118所示。

当进入多边形对象的"边界"子对象层级后，命令面板中会出现"编辑边界"卷展栏，如图6-119所示。"边界"子对象层级下的一些命令参数与"顶点""边"子对象层级下的相关命令功能相同，在此不再重复介绍。

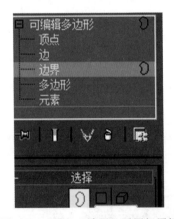

图6-118 进入"边界"子层级层级

图6-119 "编辑边界"卷展栏

封口：可以为选择的开放边界添加一个盖子使其封闭。选择一个"边界"子对象后，单击该按钮，这时会沿"边界"子对象出现一个新的面，形成封闭的多边形对象，如图6-120所示。当封闭"边界"子对象后，该多边形对象将不再包含"边界"子对象成分。

4. "多边形"和"元素"子对象编辑

由于"多边形"和"元素"子对象的编辑命令完全相同，所以将综合对有关"多边形"和"元素"子对象的编辑命令进行讲解。选择一个多边形对象后，进入"修改"面板，在修改器堆栈栏列表中展开可编辑多边形，选择"多边形"或"元素"选项，或在"选择"卷展栏下单击"多边形"或"元素"按钮，即可进入"多边形"或"元素"子对象层级。

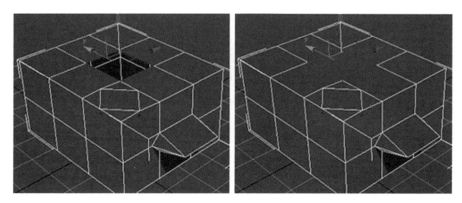

图 6-120　封口边界

当分别进入"多边形"和"元素"子对象层级后，命令面板中出现的"编辑多边形"卷展栏和"编辑元素"卷展栏，如图 6-121 所示。

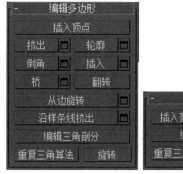

图 6-121　"编辑多边形"卷展栏和"编辑元素"卷展栏

挤出：单击该按钮后，将鼠标指针移至需要挤出的面，单击并拖动鼠标，即可对面执行挤出操作，如图 6-122 所示。

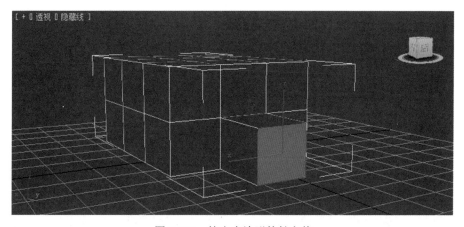

图 6-122　挤出多边形的长方体

如果需要对面进行更为精确的操作，可以选择面后单击"挤出"按钮右侧的"设置"按钮，打开"挤出多边形"对话框，如图 6-123 所示。

图 6-123　"挤出多边形"对话框

"挤出类型"选项组功能如下：

组：沿着每一个连续的多边形组的平均法线进行挤出。

局部法线：沿着每一个选定的多边形的自身法线进行挤出。

按多边形：独立挤出或倒角每个多边形。

图 6-124 为设置不同挤出类型时所挤出的多边形效果。

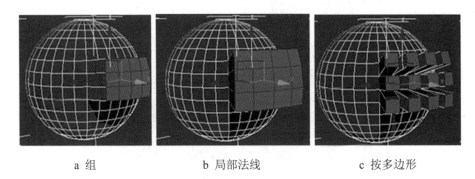

a 组　　　　　　　　b 局部法线　　　　　　　c 按多边形

图 6-124　三种不同挤出类型的挤出效果

轮廓：用于增加或减小每组连续的选定多边形的外边。单击该按钮后，将鼠标指针移动至被选择的面，向上拖动鼠标可对所选面的轮廓进行放大，向下拖动鼠标可对所选面的轮廓进行缩小。该命令通常用来调整挤出面的大小。

倒角：对选择的多边形进行倒角和轮廓处理。单击该按钮，然后垂直拖动任何多边形，以便将其挤出。松开鼠标，然后垂直向上或向下移动鼠标，设置挤出轮廓的大小，使其向外或者向内进行倒角，完毕后单击鼠标完成操作，如图 6-125 所示。

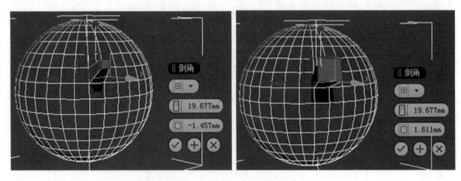

图 6-125　向外和向内倒角的多边形

插入：可在选择面的内部插入面，也就是对选择多边形进行了没有高度的倒角操作。单击该按钮后，直接在视图中拖动选择的多边形，将会在所选面的内部插入面。如果需要更精确地设置"插入"参数，可以单击"插入"按钮右侧的"设置"按钮■，打开"插入"对话框。如图 6-126 所示。

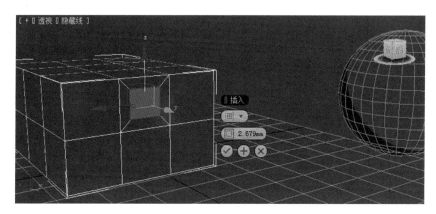

图 6-126　插入多边形

桥：使用该命令可以创建出新的多边形来连接对象中的两个多边形或选定多边形。该命令始终创建两个多边形之间的直线连接，如图 6-127 所示。

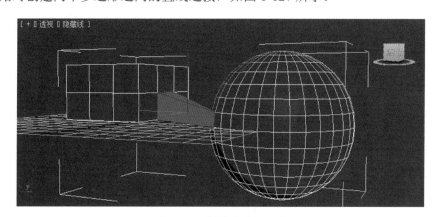

图 6-127　桥接多边形对象

在"直接操纵"模式（即无需打开"桥设置"对话框）下，使用桥的方法有两种：

（1）在多边形对象中选择两个单独的多边形，然后单击"桥"按钮，此时，将立即使用当前的"桥"设置创建桥，然后再次单击"桥"按钮，结束操作。

（2）首先单击"桥"按钮，在多边形对象上单击选择一个多边形，当出现一条连线后，移动鼠标至第 2 个多边形上单击，桥接这两个多边形，右击结束操作。

由于桥只建立多边形之间的直线连接，所以当两个多边形之间建立的直线会经过几何体的内部时，桥连接将会穿过对象来进行连接。

翻转：反转选定多边形的法线方向。

从边旋转：使选择多边形绕着某条边旋转，然后创建形成旋转边的新多边形，从而将选择与对象相连。选择一个多边形，然后单击"从边旋转"按钮，沿着垂直方向拖动任何边,可对选择的多边形进行旋转。

沿样条线挤出:沿样条线挤出当前选择的多边形。选择要进行沿样条线挤出的多边形,单击该按钮,然后选择场景中的样条线,选择多边形会沿该样条线的当前方向进行挤出。如图 6-128 所示,图 a 为挤出单个面,图 b 为挤出连续的面,图 c 为挤出非连续面。

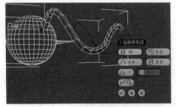
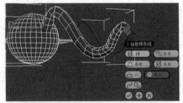

a 挤出单个面　　　　　　　　b 挤出多个连续的面

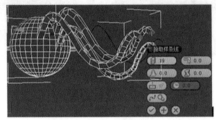

c 挤出多个不连续的面

图 6-128　沿样条线挤出多边形

旋转:用于通过单击对角线修改多边形细分为三角形的方式。该命令与"边"子对象层级中的"旋转"命令作用相同,在此就不再重复介绍。

6.2.5　实例——垃圾篓的制作

本实例主要是使用几何体、修改器命令、可编辑多边形建模方法完成一个垃圾篓模型的制作。

(1)单击"创建"面板→"几何体"→"标准基本体"→"圆锥体"按钮,在顶视图中创建一个圆台,参数设置如图 6-129 所示。

(2)在前视图选择圆台→右击,转换为可编辑多边形→进入"多边形"子层级,选择圆台上表面,按 Delete 键删除,效果如图 6-130 所示。

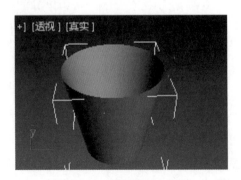

图 6-129　圆台参数　　　　　　　　图 6-130　删除模型上表面

（3）在"多边形"子层级下选择中间部分面，如图 6-131 所示，执行"编辑几何体"卷展栏中的"分离"命令，将该部分面分离为"篓身"对象，单击"确定"按钮，如图 6-132 所示。

（4）退出可编辑多边形子层级，执行"壳"修改器命令，参数设置如图 6-133 所示。

（5）选择篓身对象，在"修改器列表"中执行"晶格"修改器命令，参数设置如图 6-134 所示，最终效果如图 6-135 所示。至此，垃圾篓模型制作完成。

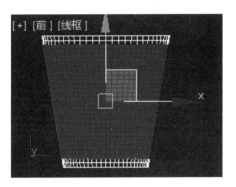

图 6-131　选择中间部分面

图 6-132　"分离"对话框

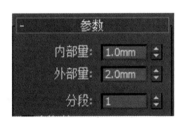

图 6-133　"壳"修改器参数

图 6-134　"晶格"修改器参数

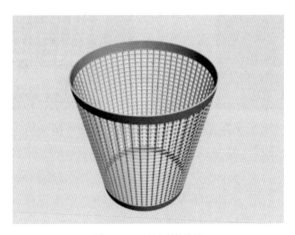

图 6-135　垃圾篓效果

6.2.6　实例——咖啡杯的制作

本实例主要是使用二维图形、车削修改器命令、可编辑多边形建模方法完成一个咖啡杯模型的制作。

（1）单击"创建"面板→"图形"→"样条线"→"线"按钮，在前视图中创建咖啡杯的剖面线段，进入"顶点"子层级，调整顶点的形态，效果如图 6-136 所示。进入"样条线"子层级，执行"几何体"卷展栏中的"轮廓"命令，为样条线创建轮廓，效果如图 6-137 所示。

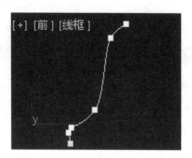

图 6-136　创建咖啡杯剖面线段

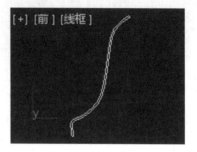

图 6-137　创建轮廓

（2）退出"样条线"子层级，在"修改"面板下执行"车削"修改器命令，参数设置如图 6-138 所示。在修改器堆栈列表中进入"车削"命令的"轴"子层级，在前视图中沿 X 轴向左移动轴，如图 6-139 所示。

图 6-138　车削命令参数

图 6-139　沿 X 轴移动轴

（3）选择视图中车削后的对象→右击，转换为可编辑多边形→在透视图按 F4 键显示边面→进入"边"子层级，选择杯底的边，如图 6-140 所示，单击"选择"卷展栏中的"循环"按钮，效果如图 6-141 所示。右击鼠标，在弹出的快捷菜单中选择"转换到面"，单击"选择"卷展栏中的"收缩"按钮，效果如图 6-142 所示，按 Delete 键，删除这部分面。

（4）进入"边界"子层级，按 Ctrl+A 快捷键，选择模型的所有边界，单击"编辑边界"

卷展栏中的"封口"按钮，对边界进行封口，效果如图 6-143 所。

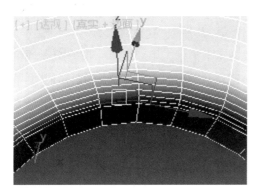

图 6-140　选择边

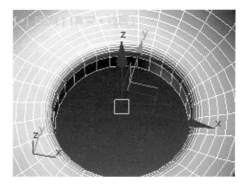

图 6-141　"循环"选择边

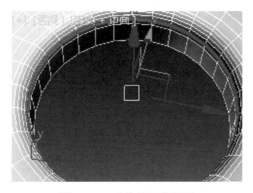

图 6-142　"收缩"选择面

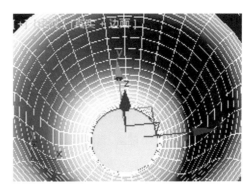

图 6-143　封口边界

（5）单击"创建"面板→"图形"→"样条线"→"线"按钮，在左视图中创建咖啡杯把手的线段，如图 6-144 所示。

（6）选择杯身对象，进入"多边形"子层级，选择杯身上的面，如图 6-145 所示。单击"编辑多边形"卷展栏中的"沿样条线挤出"按钮,在弹出的对话框中单击"拾取样条线"按钮，拾取杯把手线段，设置分段数，单击"确定"按钮，如图 6-146 所示。至此，咖啡杯模型制作完成，最终效果如图 6-147 所示。

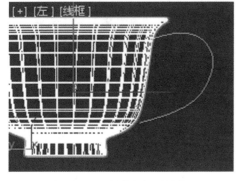

图 6-144　创建杯把手线段

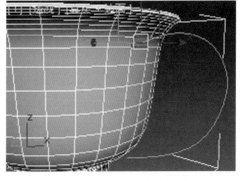

图 6-145　选择杯身上的面

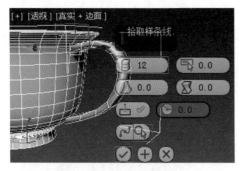

图 6-146　沿样条线挤出

图 6-147　咖啡杯效果

6.2.7　实例——床头柜的制作

本实例主要是使用几何体与可编辑多边形建模方法完成一个床头柜模型的制作。

（1）单击"创建"面板→"几何体"→"标准基本体"→"长方体"按钮，在顶视图中创建一个长方体，参数设置如图 6-148 所示。选择长方体并右击，转换为可编辑多边形。

图 6-148　长方体参数

（2）进入"顶点"子层级，在前视图选择中间顶点，使用"缩放"工具沿 X 轴移动，如图 6-149 所示。使用同样的方法调整水平方向顶点位置，效果如图 6-150 所示。

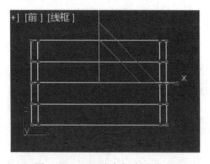

图 6-149　调整中间顶点位置

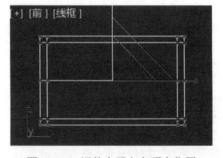

图 6-150　调整水平方向顶点位置

（3）在透视图按 F4 键显示边面，进入"多边形"子层级，选择面，如图 6-151 所示，右击，"挤出"，设置挤出参数，将面向内挤出如图 6-152 所示，单击"确定"按钮。再次选择第二层抽屉面，如图 6-153 所示，右击，"挤出"，设置挤出参数，将面向外挤出如图 6-154 所示，单击"确定"按钮。

图 6-151　选择面

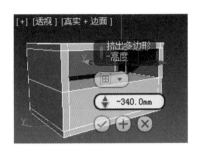

图 6-152　将面向内挤出

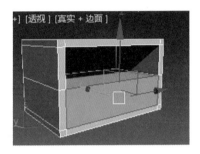

图 6-153　选择抽屉面

图 6-154　将抽屉面向外挤出

（4）进入"边"子层级，选择模型外部转角的边，如图 6-155 所示。右击鼠标，在弹出的快捷菜单中选择"切角"命令，设置切角大小与分段数，如图 6-156 所示。

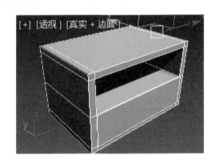

图 6-155　选择转角的边

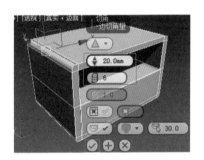

图 6-156　设置切角大小与分段数

（5）在"边"子层级下选择模型前后外轮廓边线，如图 6-157 所示，按住 Ctrl 键，加选第一层置物层内边线，如图 6-158 所示。右击鼠标，在弹出的快捷菜单中选择"切角"命令，设置切角大小与分段数，如图 6-159 所示，单击"确定"按钮。

图 6-157　选择前后外部轮廓边线

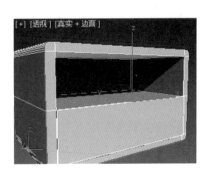

图 6-158　加选置物层内部边线

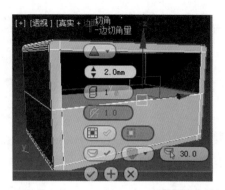

图 6-159　设置切角大小与分段数

（6）在"边"子层级下选择第一层置物层转角的边线，如图 6-160 所示，右击鼠标，在弹出的快捷菜单中选择"连接"命令，设置连接线段的位置，如图 6-161 所示，单击"确定"按钮。

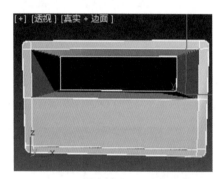

图 6-160　选择置物层转角边线

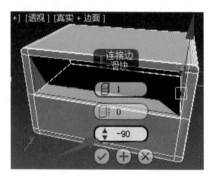

图 6-161　连接线段

（7）在"边"子层级下选择如图 6-162 所示边线，右击，在弹出的快捷菜单中选择"挤出"命令，设置挤出参数如图 6-163 所示，单击"确定"按钮。第二层抽屉门的缝隙线制作完成。

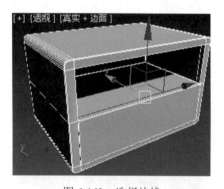

图 6-162　选择边线

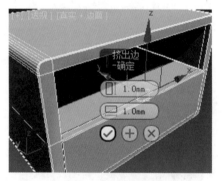

图 6-163　设置挤出参数

（8）单击"创建"面板→"几何体"→"标准基本体"→"圆柱体"按钮，在左视图中创建一个圆柱体，参数设置如图 6-164 所示。使用"移动"工具调整其在各个视图中的位置，如图 6-165 所示。

图 6-164　圆柱体参数

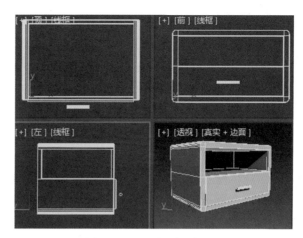

图 6-165　调整圆柱体位置

（9）在顶视图选择圆柱体，打开捕捉开关，设置角度捕捉如图 6-166 所示。使用"旋转"工具按住 Shift 键旋转复制圆柱体，效果如图 6-167 所示。选择复制后的圆柱体，单击"修改"面板，调整圆柱体参数，如图 6-168 所示。使用"移动"工具按住 Shift 键移动复制 1 个该圆柱体，并将其调整到合适的位置，如图 6-169 所示。至此，床头柜制作完成。

图 6-166　设置角度捕捉

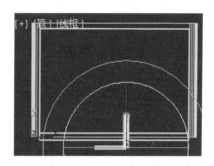

图 6-167　旋转复制圆柱体

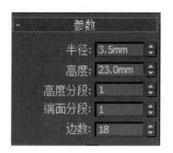

图 6-168　调整圆柱体参数

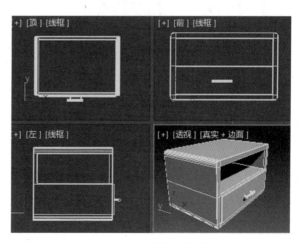

图 6-169　床头柜效果

6.3 拓展实例

6.3.1 戒指的制作

本实例主要是使用几何体与可编辑多边形建模方法以及复合对象中的图形合并命令完成一个戒指模型的制作。

（1）单击"创建"面板→"几何体"→"标准基本体"→"管状体"按钮，在顶视图中创建一个管状体，参数设置如图 6-170 所示。选择该管状体，右击，转换为可编辑多边形。

（2）在透视图按 F4 显示边面→进入"边"子层级→选择内外圆周上的一条边，单击"选择"卷展栏中的"循环"按钮，选择圆周上所有边，如图 6-171 所示。右击，在弹出的快捷菜单中选择"切角"命令，设置切角大小与分段数，如图 6-172 所示，单击"确定"按钮。

图 6-170　管状体参数

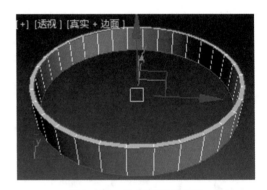

图 6-171　选择圆周上的边

（3）单击"创建"面板→"图形"→"文本"按钮，设置文本参数，如图 6-173 所示，在前视图中单击创建文本。

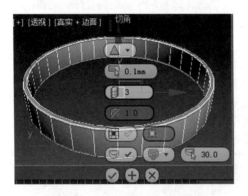

图 6-172　设置切角大小与分段数

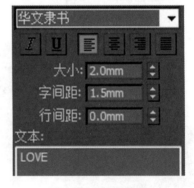

图 6-173　文本参数

（4）选择管状体模型，单击"创建"面板→"几何体"→"复合对象"→"图形合并"命令，单击"拾取图形"按钮，在视图中拾取图形，效果如图 6-174 所示。选择合并后的模型，右击，转换为可编辑多边形。

（5）选择管状体模型，进入"多边形"子层级，选择文本所在面，如图 6-175 所示。右击，在弹出的快捷菜单中选择"挤出"命令，设置挤出大小，如图 6-176 所示，单击"确定"按钮。至此，戒指模型制作完成，最终效果如图 6-177 所示。

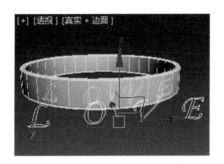

图 6-174　将文本合并到模型上

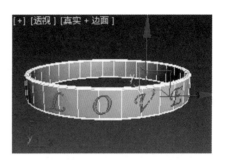

图 6-175　选择文本所在面

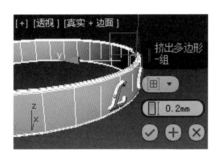

图 6-176　设置挤出大小

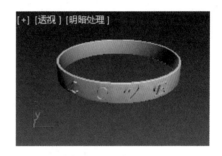

图 6-177　戒指效果

6.3.2　木梳的制作

本实例主要是使用几何体、二维图形、复合对象中的布尔运算完成一个木梳模型的制作。

（1）单击"创建"面板→"图形"→"样条线"→"矩形"按钮，在前视图中创建一个矩形，参数设置如图 6-178 所示。右击，转换为可编辑样条线。

（2）进入样条线的"线段"子层级，选择底部线段，按 Delete 键删除，如图 6-179 所示。进入"样条线"子层级，单击"几何体"卷展栏中的"轮廓"命令，为样条线创建轮廓，如图 6-180 所示。

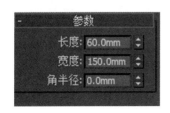

图 6-178　矩形参数

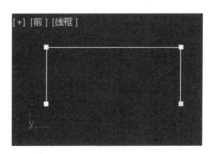

图 6-179　删除底部线段

（3）进入"线段"子层级，选择上方两条线段，如图 6-181 所示，单击"几何体"卷展栏中的"拆分"命令，将线段拆分，如图 6-182 所示。进入"顶点"子层级，在前视图将拆分点沿 Y 轴移动，如图 6-183 所示。使用"移动"工具调整上边缘两端顶点控制的弧度，如图 6-184 所示。选择外部轮廓上方两端顶点，单击"几何体"卷展栏中的"圆角"按钮，调整圆角，如图 6-185 所示。

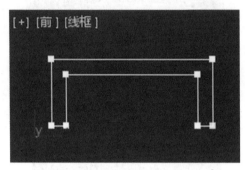

图 6-180　创建样条线轮廓

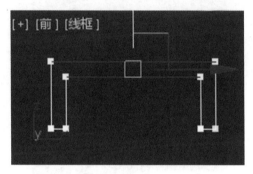

图 6-181　选择线段

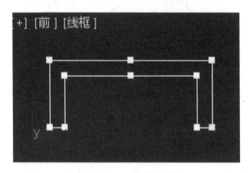

图 6-182　拆分线段

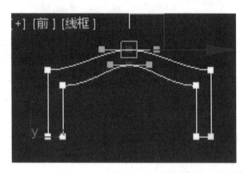

图 6-183　移动拆分点位置

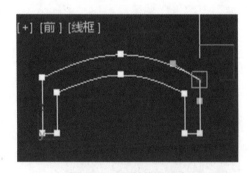

图 6-184　调整线段弧度

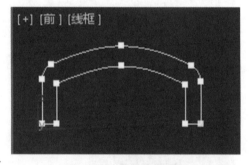

图 6-185　设置顶点圆角

（4）单击"创建"面板→"图形"→"样条线"→"矩形"按钮，在前视图中创建一个矩形，参数设置如图 6-186 所示。在前视图使用"对齐"工具，将矩形与木梳外部轮廓线沿 Y 轴最小值对齐，如图 6-187 所示。

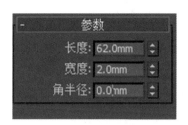

图6-186 创建矩形

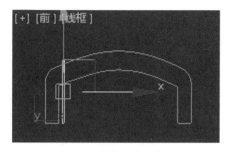

图6-187 矩形与外部轮廓Y轴最小值对齐

（5）在前视图使用移动工具，按住Shift键将矩形移动复制25个，如图6-188所示。

（6）选择木梳外部轮廓，单击"几何体"卷展栏中的"附加多个"按钮，将所有矩形与木梳外部轮廓附加到一起。进入"顶点"子层级，在前视图使用"移动"工具，调整两端超出木梳外部轮廓的顶点位置，如图6-189所示。

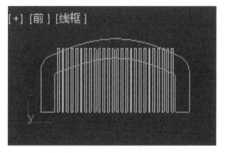

图6-188 复制矩形

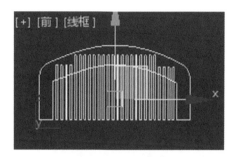

图6-189 调整两端顶点位置

（7）进入"样条线"子层级，在前视图选择木梳外部轮廓，单击"几何体"卷展栏中的"布尔"按钮，求并集运算，在视图中拾取所有矩形，效果如图6-190所示。

（8）退出样条线编辑，单击"修改"面板→执行"挤出"修改器命令，设置挤出参数如图6-191所示，效果如图6-192所示。

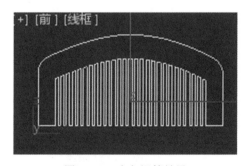

图6-190 布尔运算效果

图6-191 挤出参数

（9）单击"创建"面板→"几何体"→"标准基本体"→"长方体"按钮，在前视图中创建一个与木梳大小接近的长方体，如图6-193所示。在左视图使用"旋转"工具将长方体旋转合适的角度，使用"镜像"工具将其沿X轴镜像复制一个，移动到合适的位置，如图6-194所示。

233

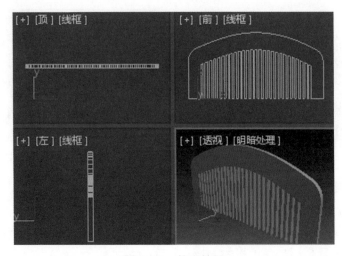

图 6-192　挤出效果

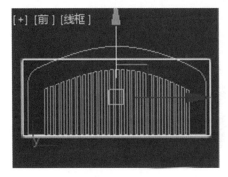

图 6-193　创建长方体

图 6-194　左视图长方体木梳位置

（10）选择木梳模型，单击"创建"面板→"几何体"→"复合对象"→"ProBoolean"按钮，差集运算，单击"开始拾取"按钮，拾取两个长方体，效果如图 6-195 所示。至此，木梳模型制作完成。

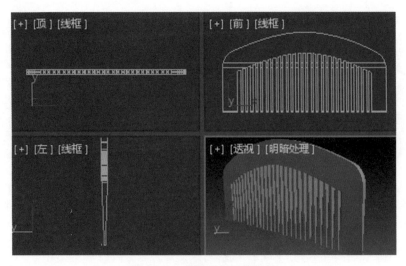

图 6-195　超级布尔运算效果

6.3.3 羽毛球拍的制作

本实例主要是使用二维图形、复合对象中的图形合并命令和放样命令完成一个羽毛球拍模型的制作。

（1）单击"创建"面板→"图形"→"样条线"→"椭圆"按钮，在顶视图中创建一个椭圆，参数设置如图6-196所示。

（2）单击"创建"面板→"图形"→"样条线"→"矩形"按钮，在前视图中创建一个矩形，参数设置如图6-197所示。右击，转换为可编辑样条线，进入"线段"子层级，选择左右两侧的线段，单击"几何体"卷展栏中的"拆分"按钮，拆分线段，如图6-198所示。

图6-196　椭圆参数

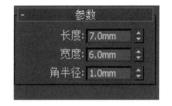

图6-197　矩形参数

（3）进入"顶点"子层级，单击"使用选择中心"按钮，如图6-199所示，使用"缩放"工具调整顶点效果，如图6-200所示。

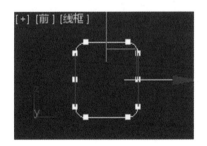

图6-198　拆分线段

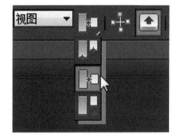

图6-199　使用选择中心

（4）选择椭圆，单击"创建"面板→"几何体"→"复合对象"→"放样"命令，单击"获取图形"按钮，在视图中拾步骤（3）所创建的矩形截面，效果如图6-201所示。

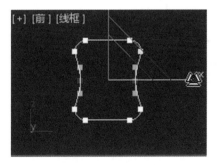

图6-200　调整顶点

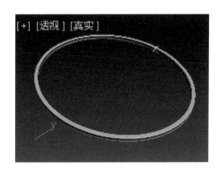

图6-201　放样效果

（5）单击"创建"面板→"几何体"→"标准基本体"→"平面"按钮，在顶视图中创建一个平面，参数设置如图 6-202 所示。使用"对齐"工具将平面与步骤（4）中放样后的对象 X、Y、Z 轴中心对齐，效果如图 6-203 所示。

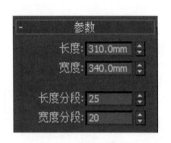

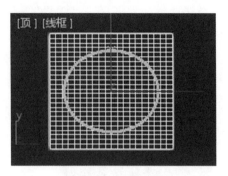

图 6-202　平面参数　　　　　　　　　　图 6-203　对齐参数

（6）选择平面，单击"创建"面板→"几何体"→"复合对象"→"图形合并"命令，设置"操作"参数，如图 6-204 所示。单击"拾取图形"按钮，在视图中拾取步骤（1）中创建的椭圆，效果如图 6-205 所示。单击"修改"命令面板，执行"晶格"修改器命令，参数设置如图 6-206 所示，效果如图 6-207 所示。至此，拍头部分制作完成。

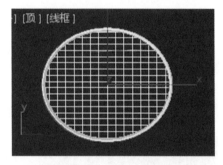

图 6-204　图形合并操作参数　　　　　　图 6-205　图形合并效果

图 6-206　晶格命令参数　　　　　　　　图 6-207　晶格命令效果

（7）单击"创建"面板→"图形"→"样条线"→"线"按钮，在顶视图中创建一条直线，效果如图 6-208 所示。

（8）单击"创建"面板→"图形"→"样条线"→"圆"按钮，在前视图中创建大小不同的两个圆。

（9）单击"创建"面板→"图形"→"样条线"→"矩形"按钮，在前视图中创建一个矩形。右击，转换为可编辑样条线，进入"顶点"子层级，选择 4 个顶点，单击"几何体"卷展栏中的"切角"按钮，设置顶点切角效果，如图 6-209 所示。

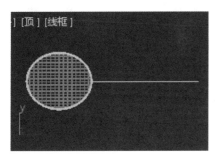
图 6-208 创建直线

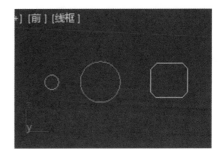
图 6-209 创建二维图形

（10）选择创建的直线，单击"创建"面板→"几何体"→"复合对象"→"放样"命令，单击"获取图形"按钮，在前视图中拾取小圆，效果如图 6-210 所示。在"修改"面板中单击，在"路径参数"卷展栏中调整"路径"为 62，如图 6-211 所示；单击"获取图形"，再次拾取小圆；用同样的方法调整"路径"为 69，拾取大圆；"路径"为 72，拾取切角后的矩形，效果如图 6-212 所示

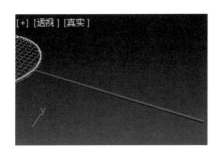
图 6-210 放样效果

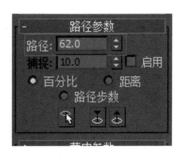
图 6-211 设置路径值

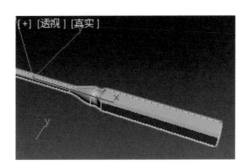
图 6-212 获取不同图形效果

（11）在"修改器堆栈列表"中进入放样命令"图形"子层级，在透视图选择大圆所在位置，使用"旋转"工具旋转大圆，调整扭曲效果，效果如图 6-213 所示。

（12）至此，羽毛球拍制作完成，最终效果如图 6-214 所示。

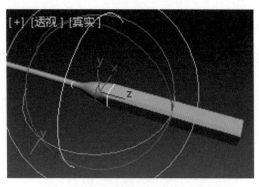

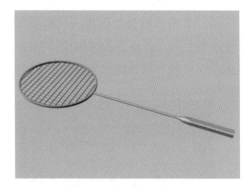

图 6-213　旋转图形　　　　　　　　　图 6-214　羽毛球拍效果

6.3.4　古典花瓶的制作

本实例主要是使用二维图形、车削修改器命令、可编辑多边形建模方法完成一个古典花瓶模型的制作。

1. 创建花瓶外形

（1）单击"创建"面板→"图形"→"样条线"→"线"按钮，在前视图中创建图形，调整顶点类型和曲度，效果如图 6-215 所示。

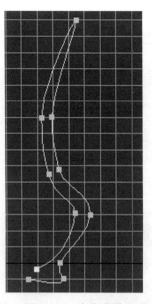

图 6-215　底座参数

（2）选中绘制好的图形，在"修改器列表"下拉列表中添加"车削"修改器，在"对齐"参数栏中单击"最小"按钮，其他参数设置如图 6-216 所示，效果如图 6-217 所示。

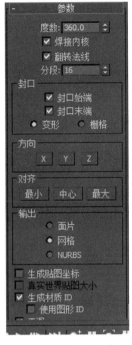

图 6-216　车削参数

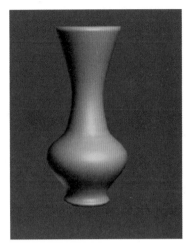

图 6-217　花瓶外形

（3）如果对外形不满意，可以回到 Line 级进行调整，勾选"修改器"面板的█显示最终结果开关按钮，在视图中修改顶点，同时又可看到车削的结果，如图 6-218 所示。

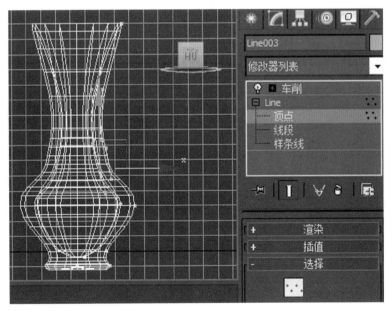

图 6-218　调整"顶点"

2. 完成花瓶装饰

（1）回到"修改器"面板的"车削"层级，选择花瓶对象，在"修改器列表"下拉列表中选择"可编辑多边形"修改器。

（2）进入可编辑多边形"边"子层级,选择花瓶下部突出部分的一条边,然后单击"选择"卷展栏中的"循环"按钮,选中相连的一圈边，如图 6-219 所示。

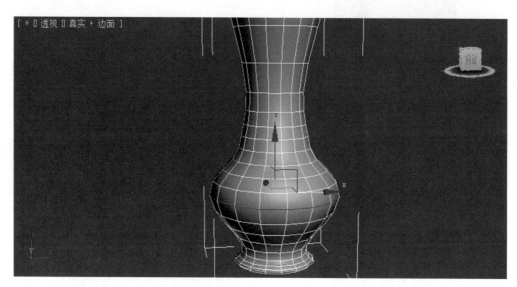

图 6-219 选中边

（3）继续单击"选择"卷展栏中的"扩大"按钮,连续单击后将选中周围相连的一组边,按住 Alt 键,在前视图中框选不需要的边，结果如图 6-220 所示。

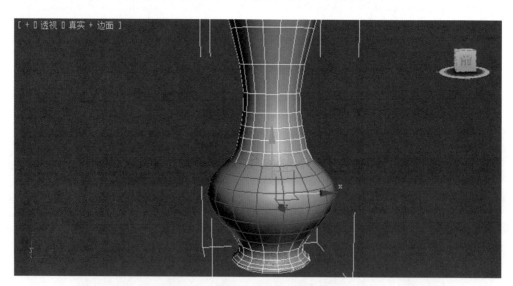

图 6-220 循环选择边

（4）执行"编辑边"卷展栏中的"挤出"命令,在"挤出边"对话框中设置高度和宽度值，如图 6-221 所示。

（5）继续添加其他细节。选择上面花瓶中部的一组边,然后单击"选择"卷展栏中的"环形"按钮,得到选中的一组边，如图 6-222 所示。

（6）继续挤出。设置参数值比下方的挤出稍微小一些,如图 6-223 所示。

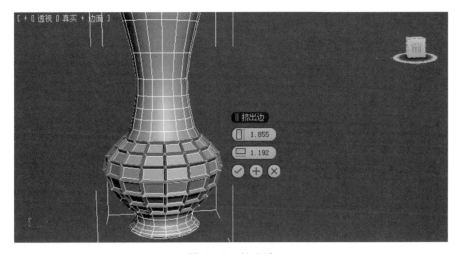

图 6-221　挤出边

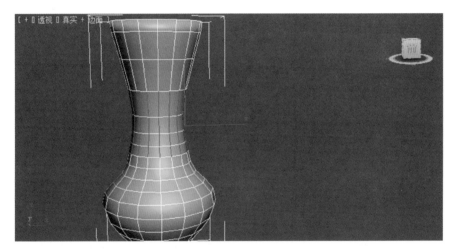

图 6-222　环形选择边

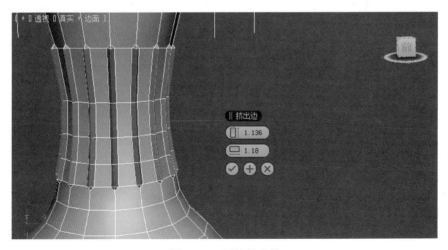

图 6-223　再次挤出边

（7）制作花瓶两边的把手装饰，通过可编辑多边形的"面"子层级下的"沿样条线挤出"实现。在前视图中沿着花瓶中部绘制路径，调整顶点曲度，如图 6-224 所示。

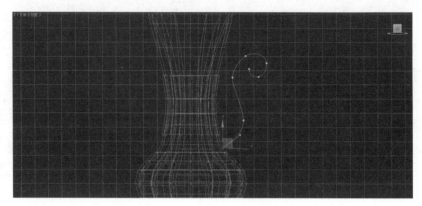

图 6-224　创建样条线路径

（8）在前视图中，进入可编辑多边形修改器的"多边形"子对象层级，选中需要挤出的对称的两边的多边形，如图 6-225 所示。然后单击"编辑多边形"卷展栏中的"沿样条线挤出"旁的按钮，在弹出的"沿样条线挤出"对话框中设置相应的参数：分段、锥化量和锥化曲线，如图 6-226 所示。

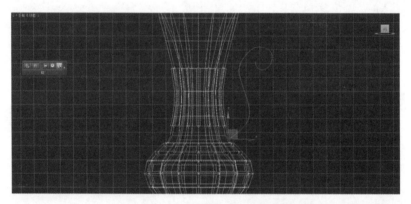

图 6-225　选择要挤出的多边形面

图 6-226　两边沿样条线挤出

（9）继续完成花瓶口的细节处理。进入可编辑多边形的"点"子对象层级，按住 Ctrl 键，选中间隔的点，执行"缩放"命令，然后再稍微向下移动一点，效果如图 6-227 所示。

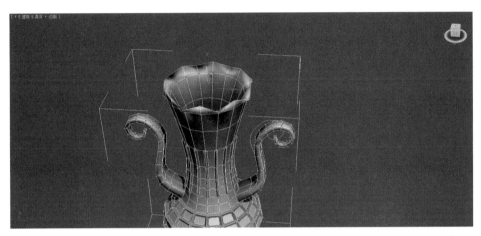

图 6-227 缩放并移动瓶口的顶点

（10）至此，花瓶的外部造型和细节基本处理完成。由于表面还不够光滑，因此添加"涡轮平滑"修改器，设置"迭代次数"值为 2。古典花瓶的最终效果如图 6-228 所示。

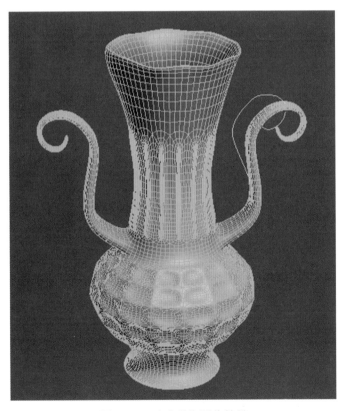

图 6-228 古典花瓶最终效果

本章小结

　　本章主要介绍了 3ds Max 复合对象中常用的图形合并、超级布尔运算、放样命令的建模方法以及可编辑多边形建模方法。可编辑多边形建模是当前主流的建模方法，通过可编辑多边形可以完成各种模型的创建。通过本章的学习，读者需要熟悉并掌握可编辑多边形子层级（顶点、边、边界、多边形和元素）的基本使用方法，使用多边形建模方法可以方便地对多边形面进行分割、拉伸，从而创建各种复杂的模型。

第四篇　实战篇

第7章
台灯模型制作

【本章要点】
- 多种建模方法的综合运用
- 台灯模型的制作
- 家居产品模型的制作思路

7.1 效果展示

本实例主要是通过二维图形、几何体、复合对象的放样命令完成台灯模型的制作，效果如图 7-1 所示。

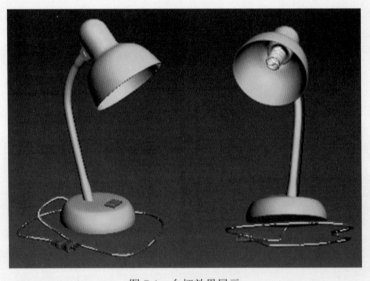

图 7-1   台灯效果展示

7.2 模型制作

1. 台灯底座的制作

（1）单击"创建"面板→"图形"→"样条线"→"线"按钮，在前视图中创建一个图形，单击"修改"命令，通过设置"顶点"的类型调整顶点圆角，效果如图 7-2 所示。

（2）选中绘制的图形，单击"修改"命令，在"修改器列表"下拉列表中选择"车削"

命令，设置"参数"选项中的"分段"为40，勾选"焊接内核"和"翻转法线"选项框，并在"对齐"选项中单击"最小"，效果如图7-3所示。

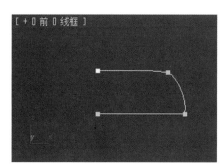

图7-2　创建截面

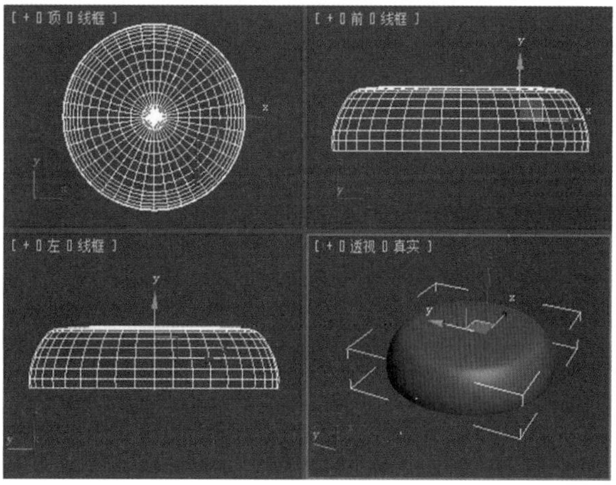

图7-3　车削参数设置

（3）添加开关。单击"创建"面板→"图形"→"样条线"→"矩形"按钮，在顶视图中绘制矩形。单击"修改"命令，为矩形添加"编辑样条线"修改器，进入"样条线"子层级中的"几何体"卷展栏设置"轮廓"值，效果如图7-4所示。

（4）继续添加"挤出"修改器，数量设置为4，效果如图7-5所示。

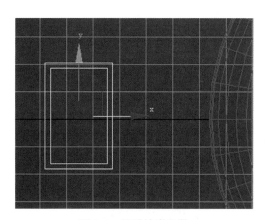
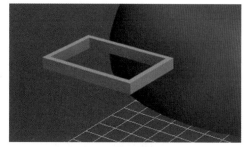

图7-4　设置轮廓参数

图7-5　挤出矩形框

（5）单击"创建"面板→"图形"→"样条线"→"线"按钮，在前视图中创建图形，单击"修改"命令，通过修改"顶点"子层级的类型，调整截面后效果如图7-6所示。

（6）为刚绘制的截面添加"倒角"修改器，并设置参数如图7-7所示，调整位置后效果如图7-8所示。

2. 底座电线插头制作

（1）单击"创建"面板→"图形"→"样条线"→"线"按钮，在顶视图中创建一条长的路径图形，在"修改"面板中通过修改"顶点"子层级中顶点的类型，调整线的曲度。在左视图中，将线的起点调整到底座的一侧里。效果如图7-9所示。

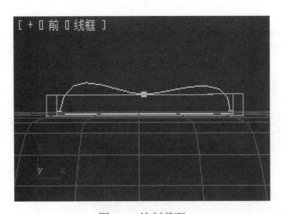

图 7-6 绘制截面

图 7-7 倒角参数

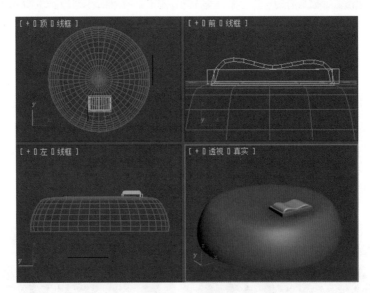

图 7-8 底座效果

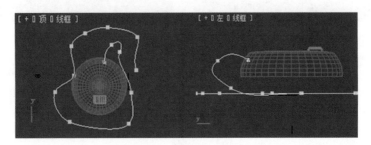

图 7-9 电线路径图形

（2）继续在顶视图中创建截面，绘制小圆，并复制小圆，选中其中一个圆，单击"修改"命令，添加"编辑样条线"修改器，单击"附加"按钮，将两个小圆附加在一起。并单击"层次"

命令,在"层次"面板中选中"仅影响轴"按钮,再选择"对齐"选项板中的"居中到对象"按钮,调整对象中心点在两个圆的中间。如图 7-10 所示。

（3）选中路径图形,执行"创建"面板→"几何体"→"复合对象"→"放样"命令,单击"获取图形"按钮选择截面图形,得到放样的电线如图 7-11 所示。

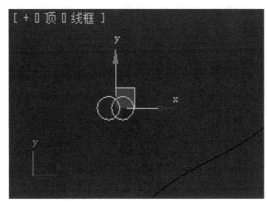

图 7-10　创建截面

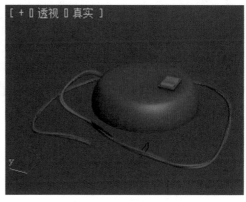

图 7-11　放样效果

（4）对放样得到的电线进行扭曲。选中放样的对象,在"修改"面板中展开"变形"选项板,选择"扭曲"按钮,在弹出的"扭曲变形"对话框底部的数值框中设置路径 0 的地方角度为 0,路径 100 的地方角度为 2440,参数设置如图 7-12 所示。这样可以实现路径的扭曲,得到的电线效果如图 7-13 所示。

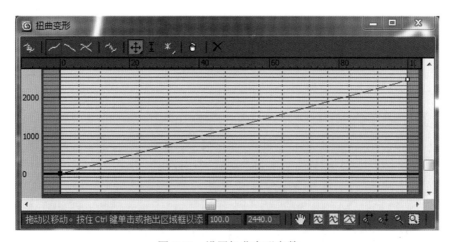

图 7-12　设置扭曲变形参数

（5）完成插头的制作。绘制矩形和直线,分别用作放样的路径和截面。选中直线,执行直线"复合对象"中的"放样"命令,单击"获取图形"按钮,在视图中选取矩形。得到放样后的效果如图 7-14 所示。

（6）选中放样的对象,在"修改"面板中展开"变形"选项板,选择"缩放"按钮,在弹出的"缩放变形"对话框中,添加一些控制点,并调整点的位置,如图 7-15 所示。调整插头主体的位置,与电线吻合。完成后的插头主体如图 7-16 所示。

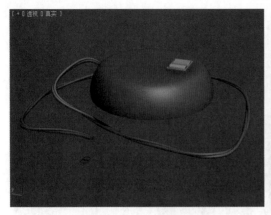

图 7-13　扭曲后的电线

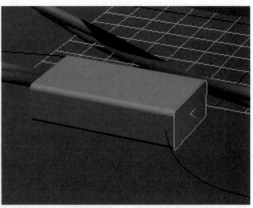

图 7-14　插头主体

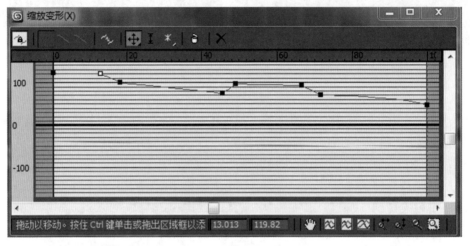

图 7-15　缩放变形设置

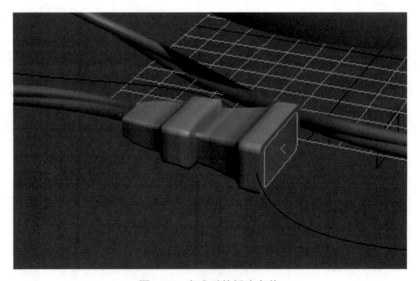

图 7-16　完成后的插头主体

（7）完成插头上的铜片绘制。在左视图中绘制矩形，并在矩形的一端绘制圆，设置矩形和圆沿着 Y 轴中心对齐。选择矩形图形，添加"编辑样条线"修改器，执行"附加"命令，将圆附加在一起。进入"顶点"子层级，设置一端切角。效果如图 7-17 所示。

（8）选中刚完成的截面图形，添加"挤出"修改器，设置数量为 1.0，其他参数默认设置。在透视图中设置对象与插头主体沿 X 轴和 Z 轴中心对齐，并移动到合适位置。效果如图 7-18 所示。

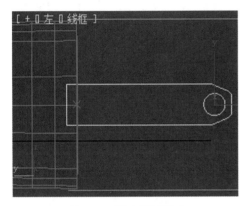
图 7-17 铜片截面图形

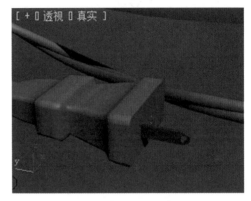
图 7-18 一个铜片效果

（9）按住 Shift 键，沿着 X 轴拖动铜片，在弹出的"克隆选项"对话框中选择"实例"，如图 7-19 所示。复制另外一个铜片，并放置在合适的位置。选中两个铜片，执行"组"→"成组"命令，将两个铜片临时成组，再与插头主体设置 X 轴和 Z 轴中心对齐，如图 7-20 所示。

图 7-19 复制铜片

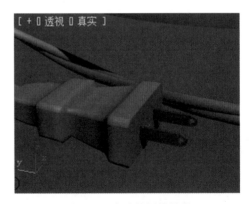
图 7-20 完成的铜片效果

（10）将铜片与插头主体选中，再次执行"组"→"成组"命令，将组命名为"台灯插头"。至此，台灯底座电线插头部分的制作已经完成。效果如图 7-21 所示。

3. 台灯灯头制作

（1）在左视图中单击"创建"面板→"图形"→"样条线"→"线"按钮，绘制灯罩的轮廓线，如图 7-22 所示。

（2）进入"顶点"子层级，通过设置顶点的圆角和改变顶点的类型调整弧度，效果如图 7-23 所示。进入"样条线"子层级，在几何体选项板中设置"轮廓"值，效果如图 7-24 所示。

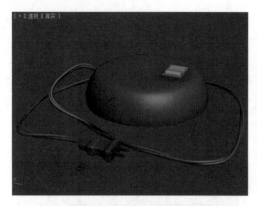

图 7-21　台灯底座插头

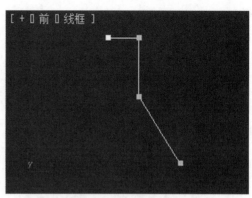

图 7-22　灯罩轮廓形状

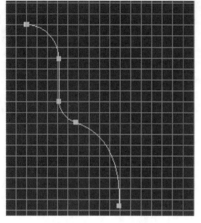

图 7-23　调整顶点弧度

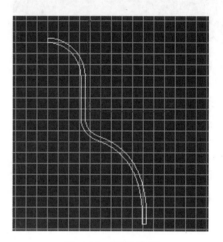

图 7-24　添加轮廓

（3）选择完成的图形，添加"车削"修改器，单击"对齐"选项中的"最小"按钮。效果如图 7-25 所示。

（4）完成灯罩里面的灯芯螺纹。继续在左视图中绘制截面图形，修改"顶点"类型，调整弧度后如图 7-26 所示。

图 7-25　灯罩效果

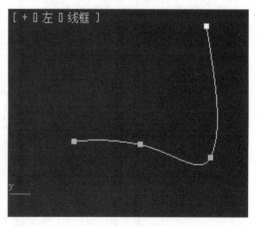

图 7-26　灯芯螺纹截面

（5）选中刚完成的截面，在"修改器列表"下拉列表中选择"车削"修改器，单击"对齐"选项中的"最小"按钮。如果效果不对，则勾选"翻转法线"选项，并将其与灯罩对齐，如图7-27所示。

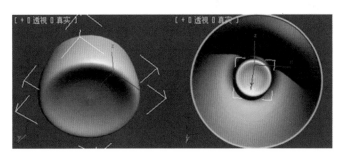

图7-27　灯芯效果

（6）绘制灯丝。在左视图中绘制水平方向稍微倾斜的长线。进入"线段"子层级，在"拆分"旁的框里输入25，然后单击"拆分"按钮，将线段拆分成多段，如图7-28所示。

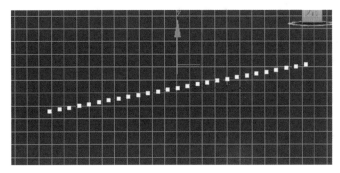

图7-28　拆分线段

（7）在透视图中，选中刚绘制的线段，添加"弯曲"修改器，设置角度为1440，弯曲轴为X轴，效果如图7-29所示。

（8）继续添加"编辑样条线"修改器，进入"顶点"子层级，选中该图形中的所有顶点，右击鼠标，设置顶点类型为"平滑"，并调节下方顶点的位置，如图7-30所示。

（9）单击"选择并旋转"按钮，并打开"角度捕捉切换"按钮，按住Shift键，在透视图中沿着Z轴旋转180度，设置两个对象X轴和Y轴中心对齐。单击"编辑样条线"参数卷展栏中的"附加"按钮，将两个对象附加在一起。效果如图7-31所示。

（10）进入"顶点"子层级，将上方的两个顶点连接起来。选择其中一个顶点，单击"编辑样条线"参数卷展栏中的"连接"按钮，从该顶点往要连接的另一个顶点画一条线，这样两个顶点中间就连接了一条线。同时选中两个顶点，将类型修改为"平滑"，并往中心缩放一点。效果如图7-32所示。

（11）确定样条线的编辑已经没有问题后，用鼠标单击最上层的"编辑样条线"修改器，在修改堆栈层右击，在弹出的菜单中选择"塌陷全部"，这样就只剩一个"可编辑样条线"修改层。

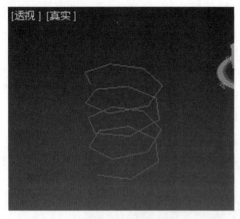

图 7-29　弯曲的线段

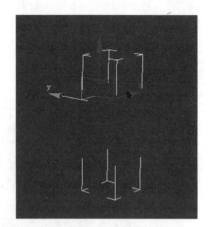

图 7-30　灯丝螺旋线效果

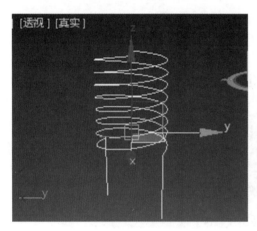

图 7-31　旋转并复制后的灯丝线

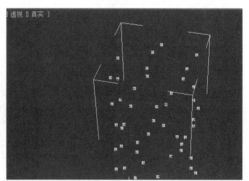

图 7-32　连接上方顶点

（12）展开"渲染"参数卷展栏，勾选"在渲染中启用"和"在视口中启用"，然后设置"渲染"中"径向"的厚度为 3.0。效果如图 7-33 所示。

（13）将灯丝移动到台灯头的合适位置，并旋转角度。设置对齐，修改颜色。效果如图 7-34 所示。

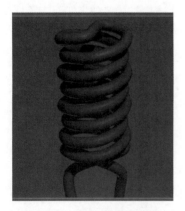

图 7-33　完成后的灯丝效果

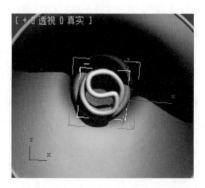

图 7-34　完成后的台灯灯头

（14）将灯头三部分选中，执行"组"→"成组"命令，将组命名为台灯灯头。在左视图中将组合后的台灯灯头移动到底座上方合适位置，稍微旋转角度，如图7-35所示。

4. 连接件和底座的制作

（1）在左视图中绘制路径图形，修改顶点的类型，调整弧度。再绘制一个小圆作为放样的截面图形，如图7-36所示。

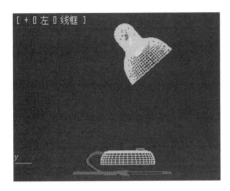 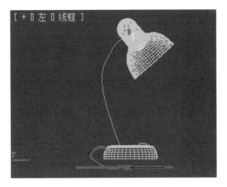

图 7-35　旋转灯头　　　　　　　　　　　图 7-36　路径和截面

（2）选中刚绘制路径，执行"创建"面板→"几何体"→"复合对象"→"放样"命令，单击"获取图形"，选取视图中的圆形图形。在"蒙皮参数"卷展栏中设置路径步数为32,取消勾选"自适应路径步数"。效果如图7-37所示。

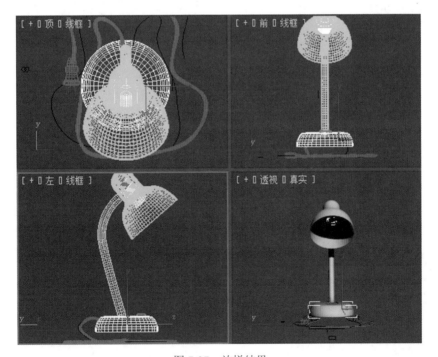

图 7-37　放样结果

（3）展开"变形"参数卷展栏，单击"缩放"按钮，在弹出的"缩放变形"对话框中设置缩放控制点，如图7-38所示，完成的图形效果如图7-39所示。

图 7-38　缩放变形对话框

（4）绘制灯头连接处的小部件。在透视图中绘制长方体，再绘制合适大小的球体，将球体移动到长方体的上方一些，并设置 X 轴和 Y 轴对齐，如图 7-40 所示。

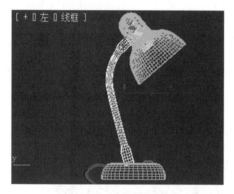

图 7-39　缩放变形结果

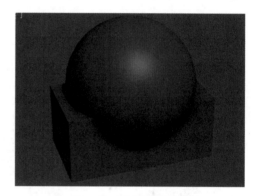

图 7-40　球体和长方体

（5）选中其中一个对象，执行"复合对象"→"布尔"命令，在"操作"选项板中选择"交集"，单击"拾取操作对象 B"，选择另一个对象，实现球体和长方体的交集，如图 7-41 所示。

（6）将得到的部件在左视图中移动到合适的位置，调整大小，并旋转合适的角度，改变对象的颜色。效果如图 7-42 所示。

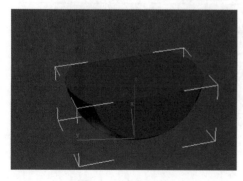

图 7-41　交集运算

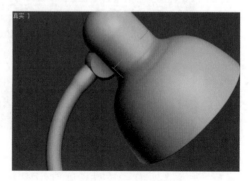

图 7-42　台灯头部细节

（7）至此，整个台灯的制作基本完成，最后简单修改其各个部件的颜色，使其基本一致协调。最后完成的效果如图 7-43 所示。

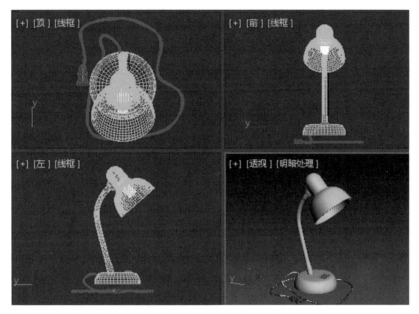

图 7-43　台灯效果

本章小结

本章通过二维图形、修改器命令、复合对象中的放样与布尔运算等综合运用完成台灯模型的制作，介绍了家居产品模型的制作思路。

第8章
手推车模型制作

【本章要点】

- 多边形建模方法的应用
- 手推车模型的制作
- 游戏道具模型的制作思路

8.1　效果展示

本实例的手推车模型最终效果如图 8-1 所示，图 8-2 为顶视图，图 8-3 为前视图，图 8-4 为左视图。手推车模型包含车轮、车身、连接部分、装饰、把手和支撑部分六个构成部分，下面分别对这六个部分建模，最终得到完整的手推车模型。

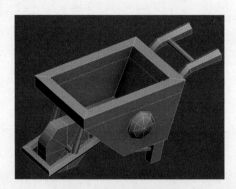

图 8-1　手推车最终效果图

图 8-2　手推车顶视图效果

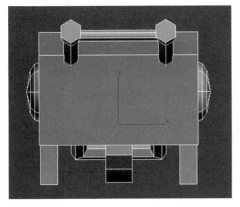

图 8-3 手推车左视图效果

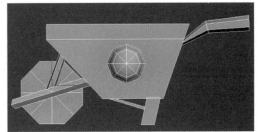

图 8-4 手推车左视图效果

8.2 模型制作

1. 手推车车轮建模

（1）启动 3ds Max，单击创建新场景，并将文件保存为 xiaoche.max。

（2）选择激活透视窗口，按下 Alt+B 键，弹出"视口配置"窗口如图 8-5 所示。

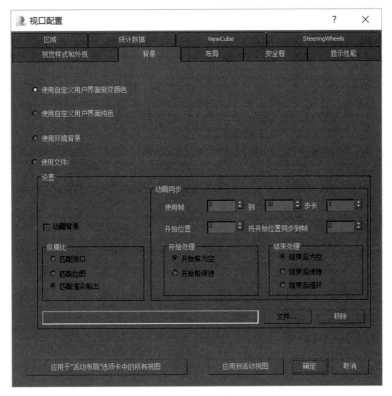

图 8-5 "视口配置"窗口

（3）选择"使用文件"，在设置中调整横纵比为"匹配位图"，并从文件中选择手推

车的平面参考图，并“应用到活动视图”，如图 8-6 所示。

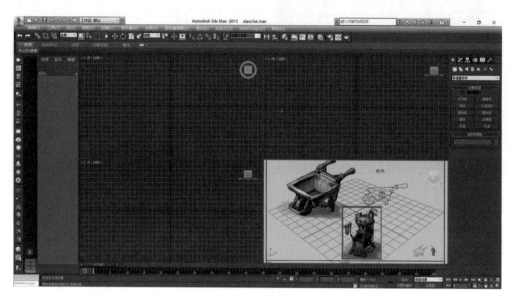

图 8-6　应用位图效果

（4）按下 Alt+W 键，将透视图窗口最大化显示，按下 L 键，切换到左视图窗口，如图 8-7 所示。

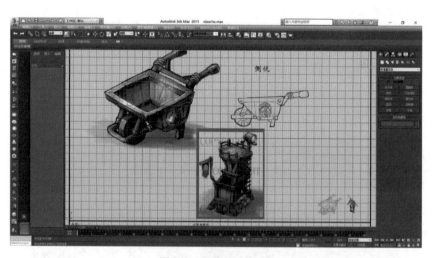

图 8-7　切换到左视图

（5）选择“图形”→“多边形”工具，设置“边数”为 8，拖动鼠标，在窗口中绘制一个八边形，绘制完成后右击鼠标确认绘制结束。进入“修改”面板，修改半径为 75，如图 8-8 所示。

（6）按下 E 键，使当前对象进入旋转状态，调整多边形的角度（见图 8-9），将车轮平放在窗口中，效果如图 8-10 所示。

（7）右击鼠标，从弹出的快捷菜单中选择“转换为”→“转换为可编辑样条线”，如图 8-11 所示。

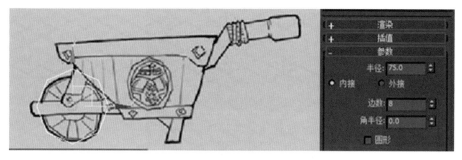

图 8-8　绘制多边形设置

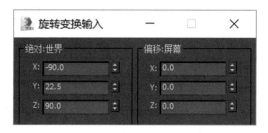

图 8-9　调整角度

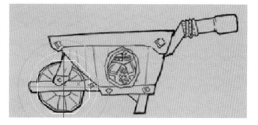

图 8-10　调整之后的效果

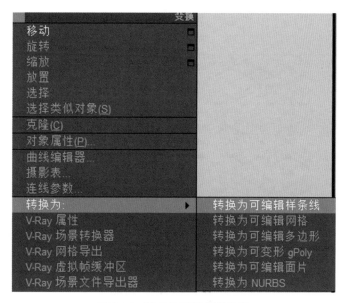

图 8-11　转换为可编辑样条线

（8）按下快捷键 1，进入到顶点层次，拖动鼠标选中所有顶点，右击鼠标，从弹出的快捷菜单中选择"角点"，如图 8-12 所示。

（9）单击"修改"→"可编辑样条线"，返回顶层，在窗口中右击鼠标，从弹出的快捷菜单中选择"转换为"→"转换为可编辑多边形"，如图 8-13 所示。

（10）按下 Alt+ 鼠标中键旋转视角，进入到正交视图，滚动鼠标中键，将车轮的部分放大，如图 8-14 所示。

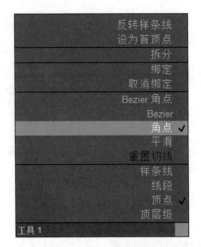

图 8-12　转换为角点

图 8-13　转换为可编辑多边形

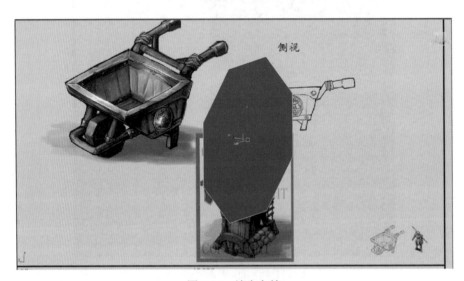

图 8-14　放大车轮

（11）单击选中该多边形，使用"修改"→"细化"，将可编辑多边形由一个八边形面，转换为 8 个三角形面，如图 8-15 所示。

（12）返回可编辑多边形层次，使用"修改器列表"→"壳"，为车轮增加外部厚度 40，如图 8-16 所示。

（13）按下 T 键，切换到顶视图，调整车轮的位置，设置其 X 坐标为 20，使车轮位于 X 轴中心，其余坐标不变，如图 8-17 所示。

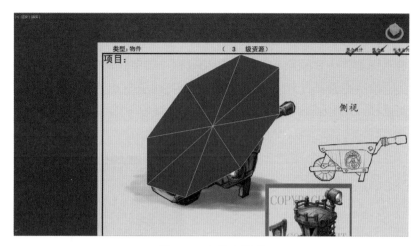

图 8-15 细化多边形

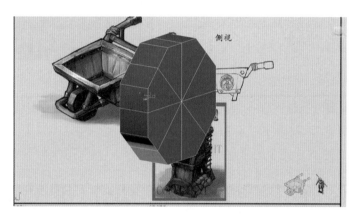

图 8-16 添加壳修改器

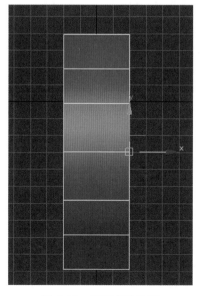

图 8-17 调整车轮位置

（14）按下 Ctrl+S 键保存文件。

2. 车身建模

（1）选择"图形"→"矩形"工具，拖动鼠标，按照视图中车身的轮廓，在窗口中绘制一个矩形，绘制完成后右击鼠标确认绘制结束，如图 8-18 所示。

（2）右击鼠标，从弹出的快捷菜单中选择"转换为"→"转换为可编辑样条线"，如图 8-19 所示。

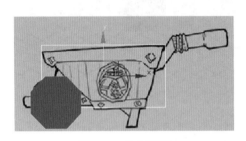 

图 8-18　绘制矩形　　　　　　　　　　图 8-19　转换为可编辑样条线

（3）按下快捷键 1，进入顶点层次，拖动鼠标选中所有顶点，右击鼠标，从弹出的快捷菜单中选择"角点"，效果如图 8-20 所示。

（4）按下快捷键 W，逐个选择顶点，调整车身形状，最终效果如图 8-21 所示。

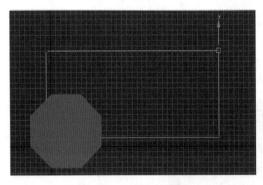 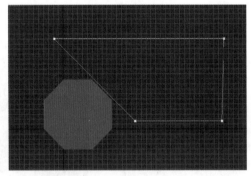

图 8-20　转换为角点　　　　　　　　　　图 8-21　调整车身形状

（5）单击"修改"→"可编辑样条线"，返回顶层，在窗口中右击鼠标，从弹出的快捷菜单中选择"转换为"→"转换为可编辑多边形"，如图 8-22 所示。

（6）返回可编辑多边形层次，使用"修改器列表"→"壳"，为车身增加外部厚度 240，并设置其 X 坐标为 120，如图 8-23 所示。

（7）选择车身部分，右击鼠标，从弹出的快捷菜单中选择"转换为"→"转换为可编辑多边形"，将车身对象转换为可编辑多边形。按下快捷键 4 进入多边形层次，选中顶部的多边形部分，右击鼠标，使用"挤出"设置，在车身上方挤出一定的高度，效果如图 8-24 所示。

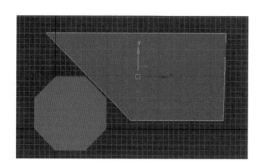

图 8-22　转换为可编辑多边形

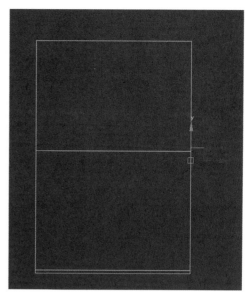

图 8-23　添加壳修改器

（8）按下快捷键 1，进入顶点层次，拖动鼠标分别选中各部分顶点，调整车身形状，效果如图 8-25 所示。

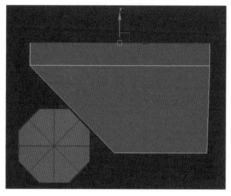

图 8-24　挤出多边形

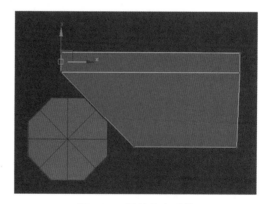

图 8-25　调整车身形状

（9）按下 Alt+ 鼠标中键旋转视角，进入到正交视图，按下快捷键 4 进入多边形层次，选中顶部的多边形部分，右击鼠标，使用"插入"，设置数量为 30，效果如图 8-26 所示。

（10）右击鼠标，使用两次"挤出"，向内挤出车身空间，效果如图 8-27 所示。

（11）按下快捷键 1，进入顶点层次，拖动鼠标分别选中各部分顶点，调整车身内部形状，效果如图 8-28 所示。

（12）车轮和车身部分完成后效果如图 8-29 所示，按下 Ctrl+S 键保存文件。

3．车轮车身连接部分建模

（1）选择"图形"→"矩形"工具，拖动鼠标，在车轮车身连接的部分绘制一个矩形，绘制完成后右击鼠标确认绘制结束，使用"对齐"命令，设置如图 8-30 所示，将车轮与矩形部分居中对齐，如图 8-31 所示。

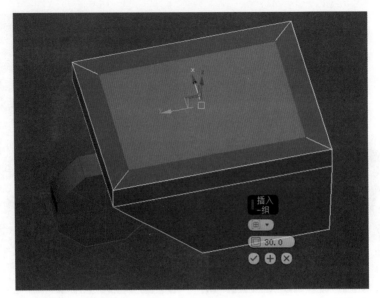

图 8-26　插入效果

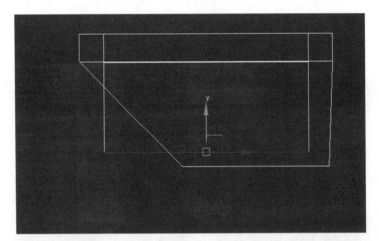

图 8-27　两次挤出效果

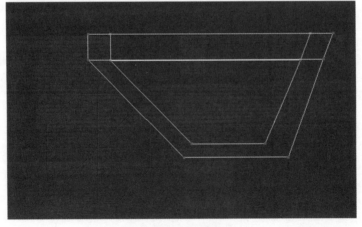

图 8-28　车身效果

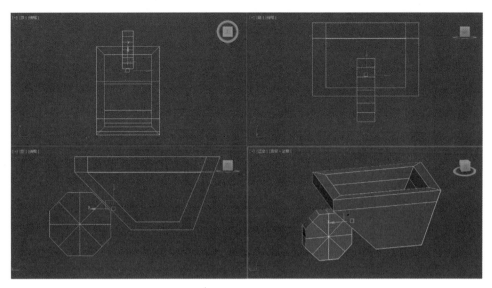

图 8-29　车轮车身效果

图 8-30　对齐设置

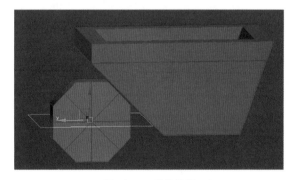

图 8-31　对齐效果

（2）右击鼠标，从弹出的快捷菜单中选择"转换为"→"转换为可编辑样条线"，按下快捷键 1，进入顶点层次，拖动鼠标选中所有顶点，右击鼠标，从弹出的快捷菜单中选择"角点"。

（3）按下 L 键进入左视图，调整各个节点的位置，形成车轮与车身的连接效果，如图8-32 所示。

（4）按下快捷键 2，进入边层次，单击选中靠近车身位置的线，按下 Delete 键，删除该线，如图 8-33 所示。

（5）返回可编辑样条线层次，在"修改"面板中，设置"在渲染中启用"和"在视口中启用"，径向厚度设置为 24，边数为 6，效果如图 8-34 所示。

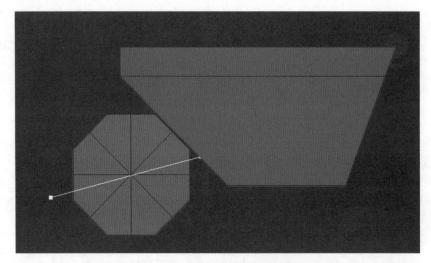

图 8-32　调整连接线条效果

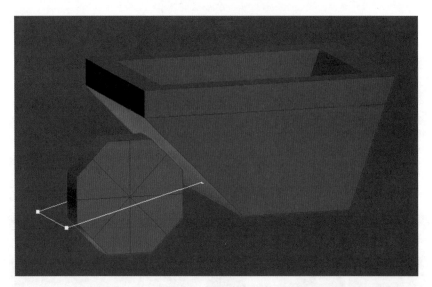

图 8-33　删除多余线条

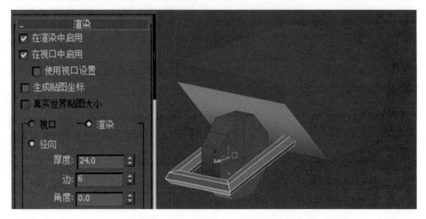

图 8-34　调整渲染设置及效果

（6）按下快捷键1，进入顶点层次，调整连接部分的位置，效果如图8-35所示。

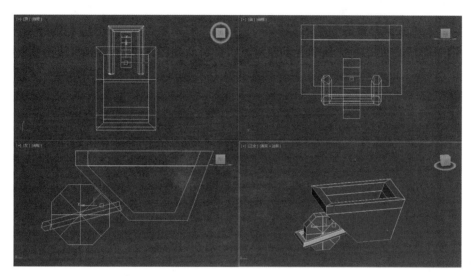

图8-35　调整连接部分位置

（7）选择"几何体"→"圆柱体"工具，拖动鼠标，在车轮旁边绘制一个圆柱体，设置半径为12，分段数为1，边数为6，并将其转换为可编辑多边形，如图8-36所示。

（8）按下快捷键4进入多边形层次，选中顶部的多边形部分，按下Delete键删除该面。按下快捷键1进入顶点层次，拖动鼠标选中顶部所有顶点，按下R键进入缩放状态，将顶部区域缩小，效果如图8-37所示。

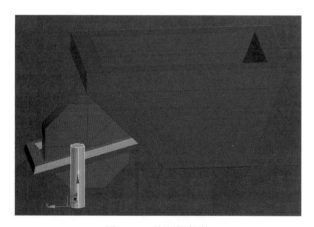
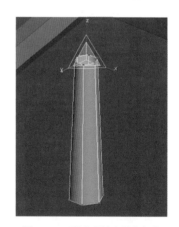

图8-36　绘制圆柱体　　　　　　　　　图8-37　调整顶部区域大小

（9）使用"对齐"命令，将圆柱体与车轮居中对齐，然后将其移动调整到连接部分，如图8-38所示。

（10）按下快捷键1进入顶点层次，拖动鼠标选中底部所有顶点，按下R键进入缩放状态，将底部区域略微缩小，效果如图8-39所示。

（11）返回可编辑多边形层次，按下E键进入旋转状态，调整圆柱体的角度，效果如图8-40所示。

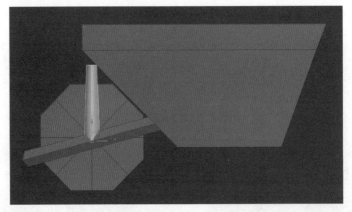

图 8-38　圆柱体与车轮对齐效果

图 8-39　缩放效果

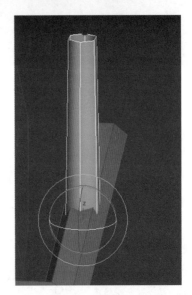

图 8-40　旋转效果

（12）按下快捷键 L 进入左视图，调整圆柱体部分所在位置，效果如图 8-41 所示。

（13）返回可编辑多边形层次，按下 Shift 键并拖动圆柱体部分到连接部分另一端，对调整好的圆柱体进行克隆，在弹出的对话框中选择"实例"选项，效果如图 8-42 所示。

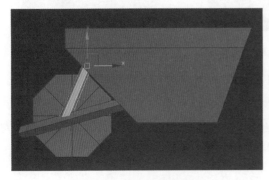

图 8-41　调整圆柱体位置

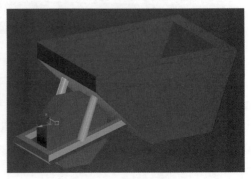

图 8-42　克隆圆柱体

（14）选择"几何体"→"圆柱体"工具，拖动鼠标，在车轮旁边绘制一个圆柱体，设置半径为6，分段数为1，边数为6。右击"选择并旋转"按钮，设置Y轴旋转90度，如图8-43所示。

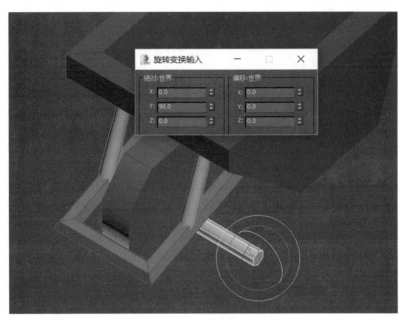

图8-43　绘制圆柱体并调整

（15）选择该圆柱体，单击"对齐"按钮，拾取车轮部分，将圆柱体居中对齐到车轮，如图8-44所示。

（16）右击鼠标，从弹出的快捷菜单中选择"转换为"→"转换为可编辑多边形"，按下快捷键1，进入顶点层次，拖动鼠标分别选中两端的顶点，并将其移动到连接部分内部，效果如图8-45所示。

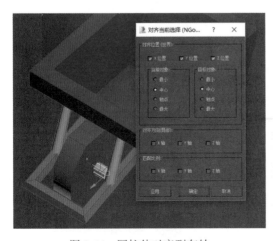

图8-44　圆柱体对齐到车轮

图8-45　调整顶点位置

（17）车身连接部分的最终效果如图8-46所示，按下Ctrl+S键保存文件。

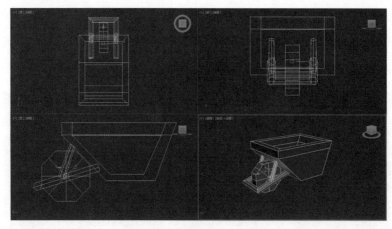

图 8-46　车身连接部分效果

4. 车身装饰部分建模

（1）选择"几何体"→"球体"工具，拖动鼠标，在车轮旁边绘制一个球体，设置半径为 40，分段数为 6，如图 8-47 所示。

（2）右击"选择并旋转"按钮 ⟳，设置 Y 轴旋转 90 度，如图 8-48 所示。

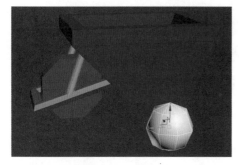
图 8-47　绘制球体

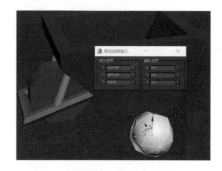
图 8-48　旋转球体

（3）将球体转换为可编辑多边形，按下快捷键 1 进入顶点层次，选中左边一半的顶点，按下 Delete 键删除，得到半球效果，如图 8-49 所示。

（4）返回可编辑多边形层次，将该半球放置与车身中间，如图 8-50 所示。

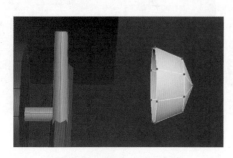
图 8-49　删除一半的球体

图 8-50　调整球体位置

（5）按下快捷键2进入边层次，选中如图8-51所示的边；单击"环形"按钮 环形，将一圈所有的线选中，如图8-52所示；单击"连接"按钮 连接，增加一圈的线条，如图8-53所示。

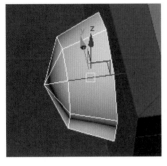
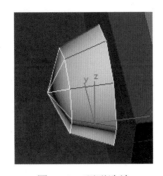

图 8-51　选择边　　　　　　　　图 8-52　环形选边　　　　　　　　图 8-53　连接加边

（6）按下快捷键R，进入缩放状态，将新增的线条放大少许，使得半球体更加圆滑，效果如图8-54所示。

（7）返回可编辑多边形层次，对X轴进行压缩，将半球体压扁，效果如图8-55所示。

（8）克隆半球体，将其移动到车身另一侧，并设置旋转Y轴为-90度，效果如图8-56所示。

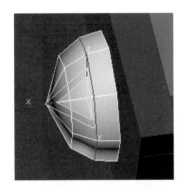
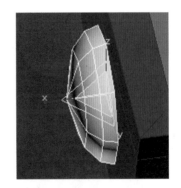

图 8-54　缩放半球　　　　　　　　　　　　　图 8-55　压扁半球

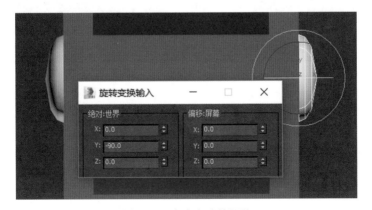

图 8-56　克隆半球并调整

（9）车身装饰部分的最终效果如图 8-57 所示，按下 Ctrl+S 键保存文件。

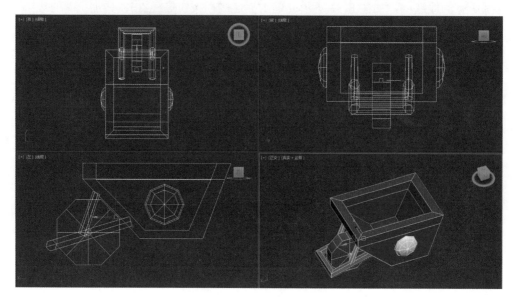

图 8-57　车身装饰部分效果

5. 手推车把手部分建模

（1）选择"图形"→"线"工具，拖动鼠标，在车身旁边绘制一条两个点的线段，右击鼠标确认绘制完成，如图 8-58 所示。

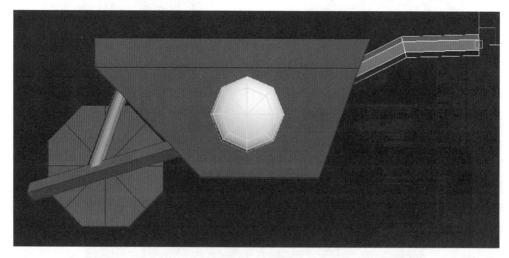

图 8-58　绘制线

（2）将线条转换为可编辑多边形，按下快捷键 R 进入缩放状态，按下快捷键 1 进入顶点层次，将手柄的部分放大，效果如图 8-59 所示。

（3）按下快捷键 4 进入多边形层次，选中靠近车身的多边形，按下 Delete 键删除，按下快捷键 1 进入顶点层次，如图 8-60 所示。

（4）反复切换快捷键 W、E、R，对把手的形状和位置进行调整，效果如图 8-61 所示。

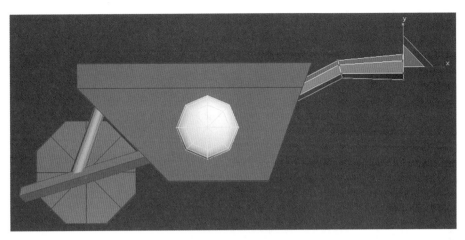

图 8-59　调整手柄效果

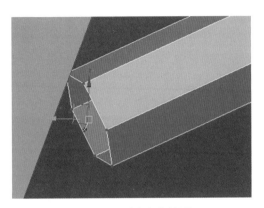

图 8-60　删除多余的面

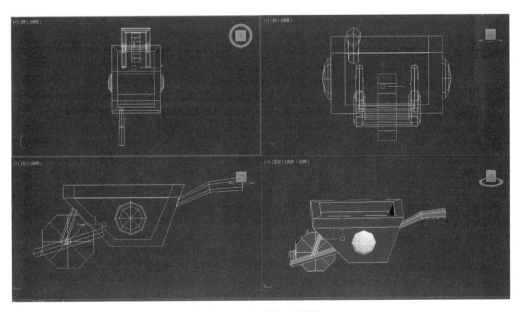

图 8-61　调整把手效果

（5）克隆把手部分，将其移动到车身另一侧，效果如图 8-62 所示。

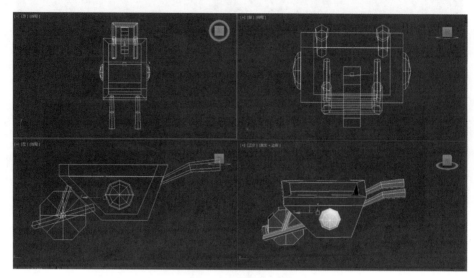

图 8-62　克隆把手并调整

（6）选择之前做好的车轮轴心部分，将其克隆一份，对齐到把手，效果如图 8-63 所示。

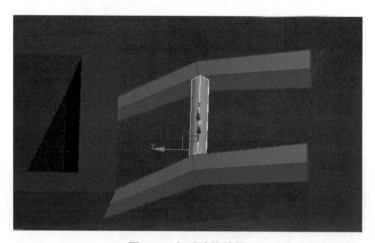

图 8-63　把手连接效果

（7）按下快捷键 1，进入顶点层次，调整位置，最终效果如图 8-64 所示，按下 Ctrl+S 键保存文件。

6. 车身支撑部分建模

（1）选择"几何体"→"长方体"工具，拖动鼠标，在车身底部绘制长方体，右击鼠标确认绘制完成，如图 8-65 所示。

（2）将长方体转换为可编辑多边形，按下快捷键 1 进入顶点层次，调整该部分的大小和位置，如图 8-66 所示。

（3）返回可编辑多边形层次，以复制的方式克隆支撑部分，反复切换快捷键 W、E、R，对克隆对象的形状和位置进行调整，效果如图 8-67 所示。

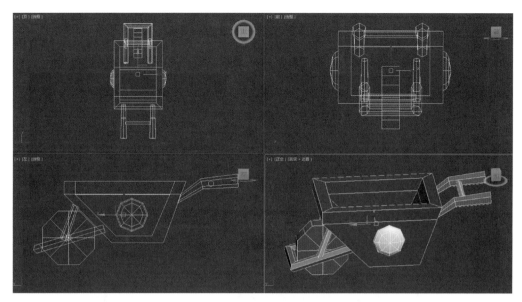

图 8-64　把手效果

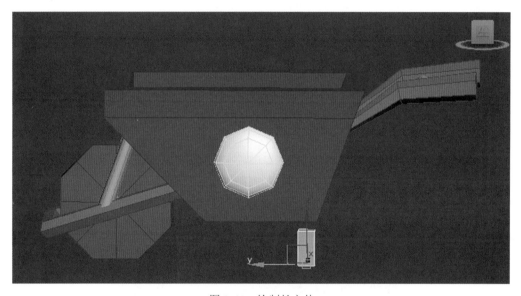

图 8-65　绘制长方体

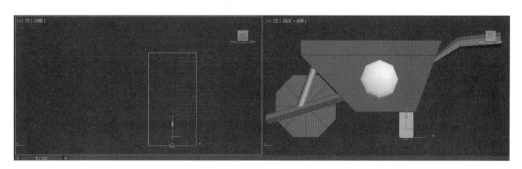

图 8-66　调整顶点位置

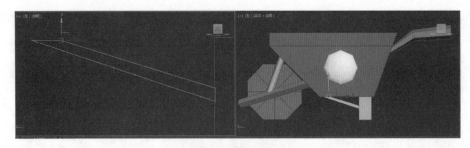

图 8-67　调整出支撑效果

（4）同时选中这两个对象，以"实例"的方式克隆，并移动到车身另一边，效果如图 8-68 所示。

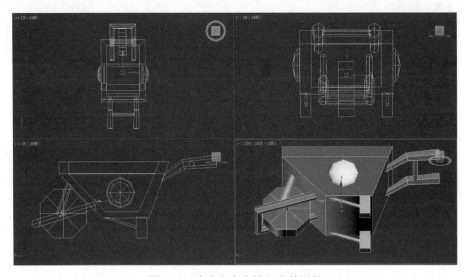

图 8-68　克隆车身支撑部分并调整

（5）拖动鼠标选择所有对象，将所有对象全部转换为可编辑多边形；然后将所有的对象附加到一起。至此，完整的手推车模型基本完成，效果如图 8-69 所示。

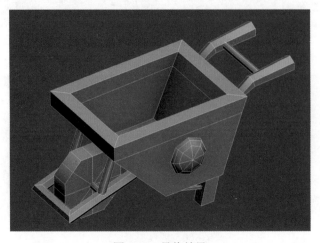

图 8-69　最终效果

本章小结

本章通过多边形建模建立了手推车车模型，重在介绍了游戏道具模型的制作思路。对于这类模型的建模，需要先对模型的结构进行分析，将模型分解后分别对不同的部分建模，再附加成为一个整体即可。

参考文献

[1] 来阳，成健. 3ds Max 2015 中文版从入门到精通 [M]. 北京：人民邮电出版社，2017.

[2] 达芬奇工作室. 中文版 3ds Max 2014 从入门到精通 [M]. 北京：清华大学出版社，2016.

[3] 瞿颖健，曹茂鹏. 3ds Max 2010 完全自学教程 [M]. 北京：人民邮电出版社，2011.

[4] 赵岩，毛宇航. 中文版 3ds Max/VRay 效果图设计与制作 300 例 [M]. 北京：北京希望电子出版社，2016.

[5] 田庆. 3ds Max 工业产品设计高级实例教程 [M]. 北京：中国铁道出版社，2015.